古代文明と星空の謎

渡部潤一 Watanabe Junichi

JN052776

★――ちくまプリマー新書
382

目次＊Contents

はじめに

この本では、天文学そのものではなく、天文学と考古学の分野の関わりに焦点を当てた「古天文学」についてお伝えしたいと思います。

古天文学とは、いにしえの人たちが星空をどのように眺め、何を見出してきたのか、歴史上の遺跡や古記録などを手がかりに読み解いてみる研究分野です。歴史上の種々の古記録、古文書、遺跡、遺物などを天文学的に検証し、その暦年代日時などを考察する学問であり、また、天文現象のほとんどは計算により再現可能なため、これを歴史上の日時推定に用いたり、あるいは、逆に自然科学の情報を得る学問でもあります。

そのような学問の総称が「古天文学」ですが、正式な名称ではありませんし、その分野の研究者もほとんどいません。天文学者の大半は、「遺跡」や「古記録」などにあまり興味がなく、考古学の研究者の多くは、理系の範疇《はんちゅう》に入る天文学の専門的な知識を持たないからです。

だからこそ、天文学と考古学の狭間にある研究が、とても面白いと言えます。

たとえば「ストーンヘンジ（Stonehenge）」という巨石遺跡をご存じでしょうか。

このストーンヘンジを研究しようとすれば、天文学的な知見がないと読み解けない部分があります。ピラミッド、マヤ文明、ポリネシア、そして、日本の代表的な天文学的知見が盛り込まれているキトラ古墳についても、天文学と考古学の双方からのアプローチである古天文学によって、より研究が深まるケースも少なくありません。

また、本書では詳しく触れませんが、これまで「日本では月や太陽を愛でる文化はあったが、星に興味はなかった」という俗説がありました。しかし、古天文学を通してみると、案外そうでもないということがわかります。

遺跡を読み解くことで、「昔の人たちがどんなふうに星空を眺めて、そこに何を見てきたのか」が、さらに深く理解できるのではないか。

先人の研究者の方々が何を見出し、どう考えてきたのかについてご紹介しながら、遺跡や古記録を天文学で読み解いてみる面白さを知っていただきたいと思います。

天文学が考古学の研究を進める

「古天文学」という言葉は、私が勤めている「国立天文台」の前身「東京大学東京天文台」で、斉藤国治名誉教授が30年以上も前に整理して、本にまとめられたとき、広く知られるようになりました。

古天文学は、歴史上のもろもろの古記録、古文書、遺跡、遺物などを天文学的に検証し、その歴史的な年代、日時などを考察する学問です。

先にも触れましたが、「古天文学」は正式な名称ではありませんし、日本も含めて、世界のアカデミアの中でも、研究者は非常に少ない分野です。

英語には、正式名称として「Archaeoastronomy」という言葉もあるのですが、日本で使われている「古天文学」は、この英語の正式名称とすぐ結びつけられるほどには普及していません。日本語で「古天文学」というと「古い天文学」と誤解されて、「もう古くて役に立たない天文学」のようなイメージでとられてしまうことが多いようです。

しかし、実際の「古天文学」は、考古学に対して資するところのある研究分野です。考古学を進めるうえで、天文学者の働きは大きいと考えられます。奈良県高市《たかいち》郡明日香村に築かれた国の特別史跡「キトラ古墳」の考古学の研究を例に説明しましょう。

キトラ古墳の天井図は、どこで、いつ、つくられたものか。その謎は、考古学の研究者には解けませんが、古天文学の見地からすると、あの天井図から読み解けるのです。

天文学において、天文現象は、ほとんど計算で再現可能です。よって、このキトラ古墳の天井図のように、比較的正確に描かれた星図があれば、描かれた場所や日時推定に用いることができます。ただし、その推定には、天文学の知識が必要になります。

また、文献学などが天文学・地球物理学などへ大きく寄与するケースもあります。「日食」の例で説明しましょう。今では「どこで皆既日食が見られるか」ということは、メートル単位、秒単位で予測できます。現在のように天文学が発展していない時代には、数千年前の「日食の記録」が発見されたとしても、その「日食」が、九州で見えたのか、あるいは朝鮮半島か、観測された場所はわかりませんでした。理由は、地球の自転が遅れているからで、昔は、その「遅れ具合」がわかりませんでした。

逆に、斉藤先生のような古天文学の研究者の方々は、その「地球の自転の遅れ具合」を実際の文献に書かれる「日食」の記録から読み解いておられたのです。

古天文学の三つの分類

斉藤先生によれば、「古天文学」には三つの分類があります。

一つめは「考古天文学」です。

考古学的な天文学、つまり、考古学的な対象について天文学的な考察を加えるという学問分野です。文字がまだ存在しない先史時代において、文字記録のない遺物のなかで、天文に関係するものを研究対象とします。具体的には「ストーンヘンジ」や「ナスカの地上絵」がその範疇に入ります。斉藤先生の思い入れもあってか、日本では奈良県明日香村の「酒船石」や「益田岩船」なども挙げられていますが、これらについては、ほかの間接的な情報が乏しいので、適当かどうか、疑問の残るところではあります。

二つめは「歴史天文学」です。

歴史時代に入ると、文字の記録が残されています。一例が『明月記』です。『明月記』は、平安末期から鎌倉初期に活躍した歌人で『新古今和歌集』の選者でもある藤原定家が、1180年から1235年の56年間にわたって書き綴《つづ》った日記風のエッセイです。この『明月記』には多数の天文現象が記録されていますが、とりわけ貴重な情報が「超新星の出現記録」です。

当時、東洋では、起こったことをそのまま記録する習慣がありました。ですから、超新星がいつ見えたか、天文学的に言えば、いつ爆発したのかがわかります。現在の「M1」と呼ばれる「かに星雲」が、実は1000年ほど前に爆発した超新星の残骸であることが、日本の『明月記』、及び、韓国、中国の記録から明らかになっています。

一方、西洋は中世の暗黒時代でしたから、「天変は不変である」というキリスト教の教えの悪い面が出てしまい、見えたものをそのまま記録しませんでした。つまり、超新星爆発の記録が残っていないのです。

三つめは「民族天文学」です。

この分野には、いわゆる〝在野の研究者〟がたくさんいます。たとえば「オリオン座」の中央の三つ星を和名では「三神様」と呼んでいました。「北斗七星」は、四つと三つに分けて「四三の星」と呼ぶことがありました。『平家物語』で、源氏と平家が瀬戸内海で合戦するシーンでは「四三の星も見えず」と書かれています。

このような「星や星座の和名」を丹念に拾い集めている方々もいます。代表的な人物として、英文学者の野尻抱影《のじりほうえい》先生が挙げられます。野尻先生は、『鞍馬天狗《くらまてんぐ》』の作者として知られる作家・大佛次郎《おさらぎじろう》のお兄さんです。

今、フィールドワークで農村や漁村に行って、おじいさんやおばあさんに尋ねても、「カシオペヤ座」とか「北斗七星」という名前しか出てきません。しかし、戦前から戦後にかけては、まだ和名をご存じの方々がいらっしゃいました。野尻先生は、ラジオであちこちに呼びかけて、和名を集められました。昭和20年代から30年代にかけて、たくさんの星や星座の和名を集めて、『日本星名辞典』を出版されています。

現在でも、フィールドワークを積極的に行って独自の和名を集めている人がいます。北尾浩一さんはこの長年の蓄積を『日本の星名事典』にまとめられています。

さて、これから古代の人々が星空を見あげて何を想い、何をつくりあげてきたのかを、天文学の知見を使って読み解いていきましょう。

第一章　巨石文化は何を示しているのか？

1　ストーンヘンジは天文学の事象を予測していた？

古天文学と巨石文化

この章のテーマである「ストーンヘンジ」は、何のために建てられて、何をした場所か、考古学的にも非常に重要な研究対象であり、「巨石文化」を代表する世界的に有名な遺跡です。

巨石文化の特徴は、ストーンヘンジを見ればわかりますが、石がきちんと正方形や長方形に切られていないことです。つまり、巨大な自然の岩石や石を用いて遺跡がつくられた時代とその文化を指します。よって「切り石建造物」は含まれません。

たとえば「ピラミッド」は切り石で構成されているので、もう少し進んだ文化の産物と言えます。ピラミッドの時代には、パピルスに書かれた文字があります。メソポタミア文化までいくと、象形文字が使われています。しかし、それらの前の時代に当たる巨石文化では、当然のことですが、ほとんど文字記録が残されていないのです。

巨石文化は、紀元前4000年から1000年くらいの間、北欧から地中海沿岸の非常に広い範囲でみられます。

巨大遺跡の四つの分類

巨石文化の頃につくられた巨大遺跡も、いくつかに分類されます。研究者によって分類の仕方は異なりますが、ここでは最もスタンダードだと考えられる四つの分類についてご紹介します。

一つめは「メンヒル（立石）」や「モノリス（単石）」と呼ばれるものです。

巨石を一つだけ立てたり、一つの石をいくつか並べたりするものです。また、自然なままではない「切り石」ではありますが、「イースター島のモアイ（巨像）」（図1）や、インドネシアのスラウェシ島の人の形をした「石人」（図2）も、多くの研究者から「巨

図1　イースター島のモアイ　iStock.com/RachelKramer

図2　スラウェシ島の石人　iStock.com/Claudiovidri

石文化」に分類されています。このように、一つの石をくり抜いたり、立てたり、並べたりするタイプがあります。ちなみに、単純な構成なので、星の位置などとの関連付けは考えられず、天文学とは無関係と言えます。

二つめは「ストーンサークル（環状列石）」です。

数十個のモノリスが環状に立てて並べられています。考古学的には、輪に並べて結界を張ることで、神聖な場所をつくっていると考えられています。おそらく、当時はそこで祭祀《さいし》を行ったり、お祈りを捧げたりしていた場所であろうと言われています。この「ストーンサークル」の代表格が「ストーンヘンジ」（図3）です。

「ストーンサークル」は日本にもあります。規模が最も大きいのが「秋田の大湯環状列石」です。「大きい」とは言っても、この大湯環状列石やストーンヘンジは、実は割と小さい方で、イギリスのエイヴベリーという村（図4）には、ひとつの集落がすっぽり中に入ってしまうほど、ものすごく大きなストーンヘンジもあります。

三つめは「アリニュマン（列石）」です。

フランス北西部ブルターニュ地方の「カルナック列石」（図5）が有名です。300

図3　ストーンヘンジ　iStock.com ／ Majaphoto

図4　エイヴベリー　iStock.com ／ Kokako

0近くのモノリスが3キロにわたって見渡すかぎり一面に立っています。「当時の特権階級の墓跡ではないか」と考える研究者もいます。ただし、方向がバラバラなので、これも天文学とは無関係と考えられます。

四つめは「ドルメン（支石墓）」（図6）です。

モノリスを立てて、その上に天井石を置いたものです。「お墓」の意味合いを持った巨石遺跡で、これに土を盛って、いわゆる古墳のようにしたものも含めれば、世界中に5万基以上もあります。遺体を埋納する玄室へ通じる羨道《せんどう》の壁や天井に、幾何学模様やスケッチが描かれたものもあります。アイルランド南西部のバレン地方に遺《のこ》る「ドルメン」が有名です。

日本にも、しっかりと側壁を岩で組んで、その上に大きな石を載せたものがありますが、これは「お墓」と考えた方がよいと思われます。

先に紹介した「アリニュマン」と同様、この「ドルメン」も、せいぜい東西南北に向いている程度で、天文学的な方向とは、あまり関係なさそうです。

このように巨石文化の巨大遺跡には四つのタイプがあり、「ストーンヘンジ」は、二

図5　カルナック列石　iStock.com/ueuaphoto

図6　バレン地方のドルメン　iStock.com/Ruairi Brennan

つめの「ストーンサークル」に入ります。

ちなみに「ストーンヘンジ」の「ヘンジ」とは「円形の土手と彫りに囲まれた祭祀場」という意味で、「ストーン（石）」だけでなく、土手だけで円形に囲まれたものもあります。先に触れたエイヴベリーも土手で囲まれています。また、木で囲まれたものもあり、「ウッドヘンジ」と呼ばれています。

ストーンヘンジについて

ストーンヘンジは、イギリスのロンドンから車で1時間ほど郊外のソールズベリー平野にあります。残念ながら、私はまだ行ったことがありません。ぜひ、一度、できれば冬至の日に行きたいと思っています。

巨石文化の巨大遺跡の四つの分類の一つ、「ストーンサークル」の一種で、使われている石の大きさは、ヨーロッパ最大級です。つくられた年代は、あまり詳しくわかっておらず、プラスマイナス1000年ぐらいの誤差がありますが、おそらく、新石器時代から青銅器時代にかけてつくられたと考えられています。

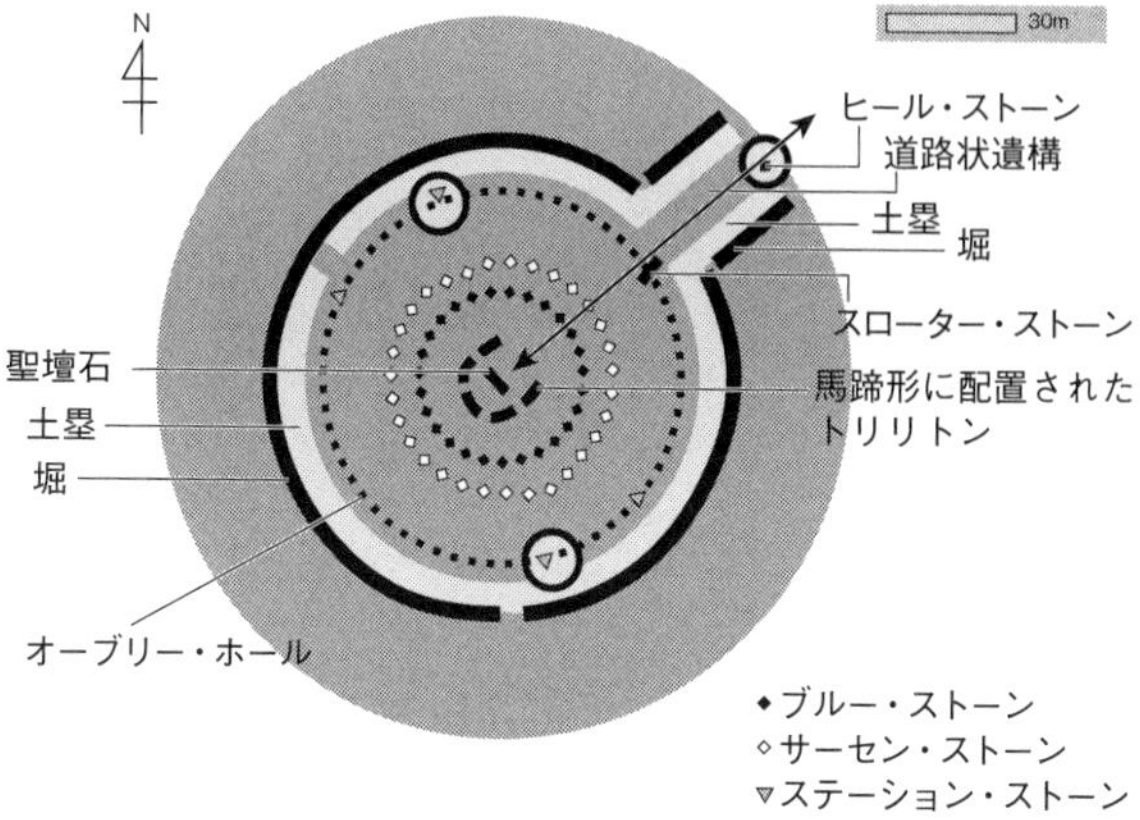

図7　ストーンヘンジの石や穴の配置図

では、ストーンヘンジの構造（図7）を詳しくみてみましょう。

サークルに並べられたストーンヘンジの円の中心には、平たい「聖壇石」があります。お祈りを捧げる場所、あるいは、死者を弔う場所とも考えられています。

この聖壇石は、モノリス（石）で三重に取り囲まれています。一番内側は「トリリトン」と呼ばれ、あとの二つとはちがって、一方向が開いている「馬蹄《ばてい》形」となっています。中心の聖壇石から開いている方向（図中の矢印の方向）を見ると、ストーンヘンジの外側に置かれた「ヒール・ストーン」という目印の石があり、ここだけ円形のヘンジが途切れているため、まるで聖壇石からみてヒール・ストーンの方向に道が続いているように見えます。この方向は北東になります。

この方向が「夏至の日の出の方向」、つまり、「太陽が一番北側に寄ったときの日の出の方向」と一致しているのは、昔から知られていました。

また、聖壇石を三重に囲むモノリスのサークルのさらに外側には「オーブリー・ホール」という穴が円形に並んでいます。ある規則性に従って、この穴に石を一年ごとに置いていくことで、天文学的な何かを計算していたのではないかという説もあります。また、このサークル上には、聖壇石から見て、正確ではありませんが、ほぼ南と北の位置に「北塚」と「南塚」と呼ばれる特殊なモノリスの「ステーション・ストーン」がありますます。さらに、聖壇石と先ほどのヒール・ストーンを結ぶ直線とこのサークルが交わる位置には「スローター・ストーン」と名付けられた石が置かれています。

1960年代、「聖壇石とヒール・ストーンが夏至の日の出の方向に一致する」という事実をもとにして、あるアメリカの天文学者が「ストーンヘンジは古代の天文台」という説を発表しました。その後、イギリスの有名な天文学者も、ストーンヘンジの研究に参入しました。ストーンヘンジがある地域では、夏至の日の出の方向は、逆に見ると、冬至の日の入りの方向でした。ですから、「ストーンヘンジは、夏至、冬至、春分、秋分、日食、月食の予測に使われた可能性がある」と指摘されたのです。

このように、天文学と関連づけられることで、巨石文化の巨大遺跡であるストーンヘンジが古天文学の研究対象となるわけですが、では、「果たして本当に、ストーンヘンジは、夏至、冬至、春分、秋分、日食、月食などの天文学的な事象を予測するための施設」だったのでしょうか。

それを科学的に考察するためには、天文学の知識が求められます。

そこで、この仮説の検証に必要な「位置天文学」について、説明しましょう。

2　遺跡を科学的に考察するための天文知識

位置天文学とは何か

位置天文学とは、星や惑星、太陽、月など、天体の位置や動きに関する天文学の一つの分野です。基本的に、位置天文学の原理原則として、天体の運動、位置のほとんどが計算で再現可能です。つまり、古代の巨石文化時代の天体の動きもわかるのです。そこが天文学の非常に強いところでもあります。

江戸時代前期、幕府では、日食や月食の起こる日の予想が当たらなくなり、問題となっていました。当たらないのも当然でした。当時、日本では862年に唐から伝わった「宣明暦」を用いていました。しかし、すでに800年近く経っていたため、誤差が生じており、とりわけ、日食や月食の予測日は大きくずれていました。経度のちがう中国の暦をそのまま使ってしまっていたことも、当たらなくなった原因の一つでした。

そのことに気がついたのが、渋川春海です。渋川春海が偉かったのは、日本と中国には経度差があるので、日本の天文事象を宣明暦で予測しても当たらないことをよく理解して、日本独自の暦を初めてつくったことです。それまでは経験則で予測していましたが、現在では「月、太陽、惑星は、ニュートン力学で動いていく」という原理原則がわかっていますから、数千年前の星の動きや太陽の動きまで、もう秒単位で計算が可能になりました。

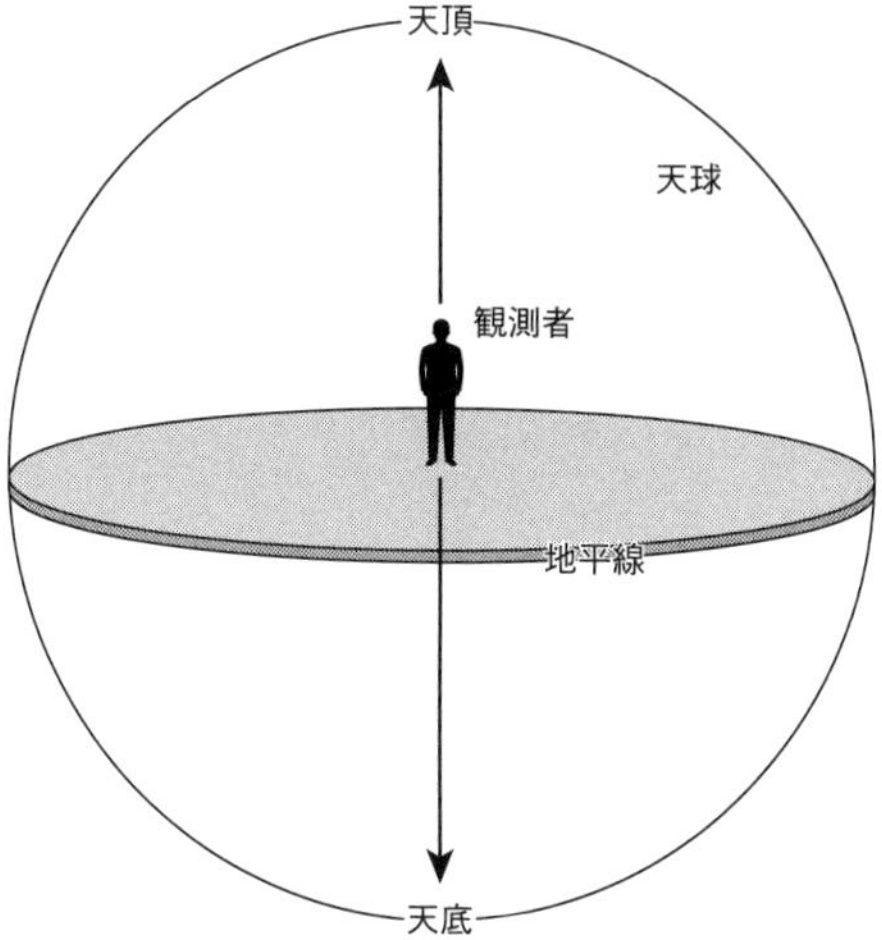

図8　天球の定義

まず理解するために必要な基礎知識として、「座標」「黄道（太陽の見かけの動き）」「白道（月の見かけの動き）」「歳差」などについて解説します。

天球と二つの座標

天文学で空の星の位置について考えるとき、そのベースとなるのが「天球」です。

天球は「観測者を中心とした空を無限遠の仮想の球として考えたもの」と定義（図8）されます。たとえて言うなら、半円球のドーム形のプラネタリウムに夜空の星々が映し出されているところを想像してもらえれば、わかりやすいでしょう。

この半円球のプラネタリウムの内側に星が配置されているわけですが、もし、そのうちの一つの星の位置を正確に表そうとすれば「座標」が必要となります。

中学校の数学のテストで「図にXが3、Yが4の座標を書け」などの問題に出てきた、あの「座標」です。中学校のテストでは、横軸（X）と縦軸（Y）の書かれた平面のテスト用紙に座標を書き込みましたが、天球の場合は半円球なので、その上の場所を示す座標をつくるときも、平面とはちがったルールが使用されます。

天球で星の位置を示すための座標には、二つのタイプがあります。「地平座標」と「赤道座標」です。

地平座標

地平座標（図9）とは「観測者に固定された座標系」です。ちなみに「座標系」とは、同じルールで設定された座標のグループを指す言葉です。

地平座標は、中心にいる観察者から見たとき、対象となる星が、半円球の天球上のど

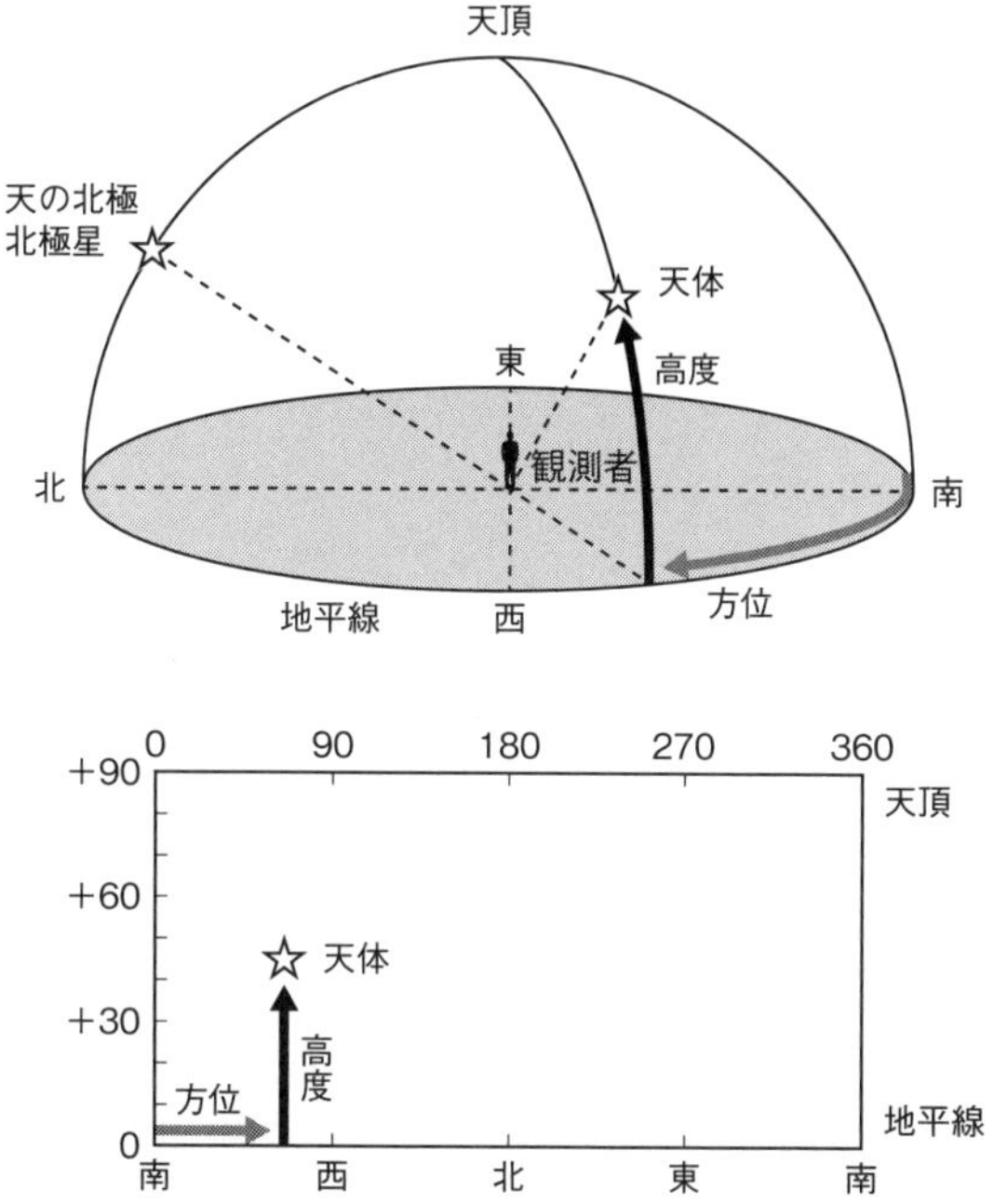

図9　天球の座標・地平座標（アストロアーツ社 Webサイトより引用）

の「方位（東西南北の方向）」で、どれくらいの「高度（地平線からどれだけ上か）」にあるのか、二つの要素の数値によって正確な位置を決める座標系です。

方位は、真南の方向を基点として、そこから西回りにどれくらい回った方角（高度の角度は関係ない）にあるのかを測って、その角度の度数で表します。方位の座標は、真南が0で、そこから西回りに測って、90度いくと西、もう90度いくと北、さらに90度いくと東で、360度回ると、また南の基点0に戻ります。

高度は、「観察者がどれくらいの角度で視線を上げた位置にあるのか」、言い換えれば「地平線からどれくらいの高さにあるのか」です。水平線から半円球の一番上の「天頂」は90度であり、「お月さまが30度の高さにある」とか「あの星は40度の高さだ」などというふうに使います。

ちなみに、夜の屋外で、星や月の位置を簡単に測れる方法があります。大人も、子どもも同じですが、まず、腕を伸ばして、手の甲が横向きになるように拳を握ります。拳の下が水平線に触れる位置に合わせたら、腕を伸ばしたまま、お目当ての星の高さに届くまで、拳を重ねるようにしながら、腕を上げていきます。拳1個分が約10度の高度に相当しますから、地平線と星の間に拳が何個入るのかを確かめれば、その星のおおよその高度が測れるわけです。

この地平座標は、観測者に固定された座標系ですので、場所によって、同じ星の「座標」が変わってしまいます。

たとえば、北極星を地平座標で表す場合を考えてみましょう。北極星は真北を示す星ですので、真南から西回りに測った角度である方位は「180度」になります。では、高度はというと、赤道から見れば、地平線ぎりぎり、つまり、視線は真っ直ぐなままの「0度」ですので、北極星の地平座標は（180、0）となります。そこから、緯度がどんどん上がってくると、「高度」もどんどん上がり、北緯35度の日本では、見上げる角度も35度で、北極星の地平座標は（180、35）になります。日本のなかでも、九州と北海道とでは緯度がちがいますから、鹿児島県に行くと低い位置に見える北極星が、北海道ではずいぶん高い位置に見えます。

このように、地平座標は、観測者に固定された座標系であるため、同じ星の座標も、観測者の地球上の位置によって変化するのです。

赤道座標

赤道座標とは「天球での星座に固定された座標系」(図10) です。

夜空を見ていると、北極星は大体同じ場所にありますが、その他の星は時間とともに動いています。観察者で固定された地平座標で表した星の位置は、時間とともに変わってしまいます。そこで、時間の経過に関係なく、星々の位置関係がわかるように、地球の中心からぐるりと見渡したときの星の位置を表した座標が「赤道座標」です。

プラネタリウムでたとえると、球状の大きな空間があり、そこに星を投影するのではなく、真上に北極星が来るような配置で、内側の壁に、星をすべて直接描き込んでしまうようなイメージです。

天球の一番上に「北極星」が来るようにして、その北極星と地球の北極点を重ねた状態で、地球の緯度と経度をそのまま天球に移したような座標系になります。

このとき、地球の北極点に当たる場所は、天球の赤道座標では「天の北極(北極星)」、地球の赤道に当たる部分は「天の赤道」と呼びます。また、座標を表す項目は、地球の

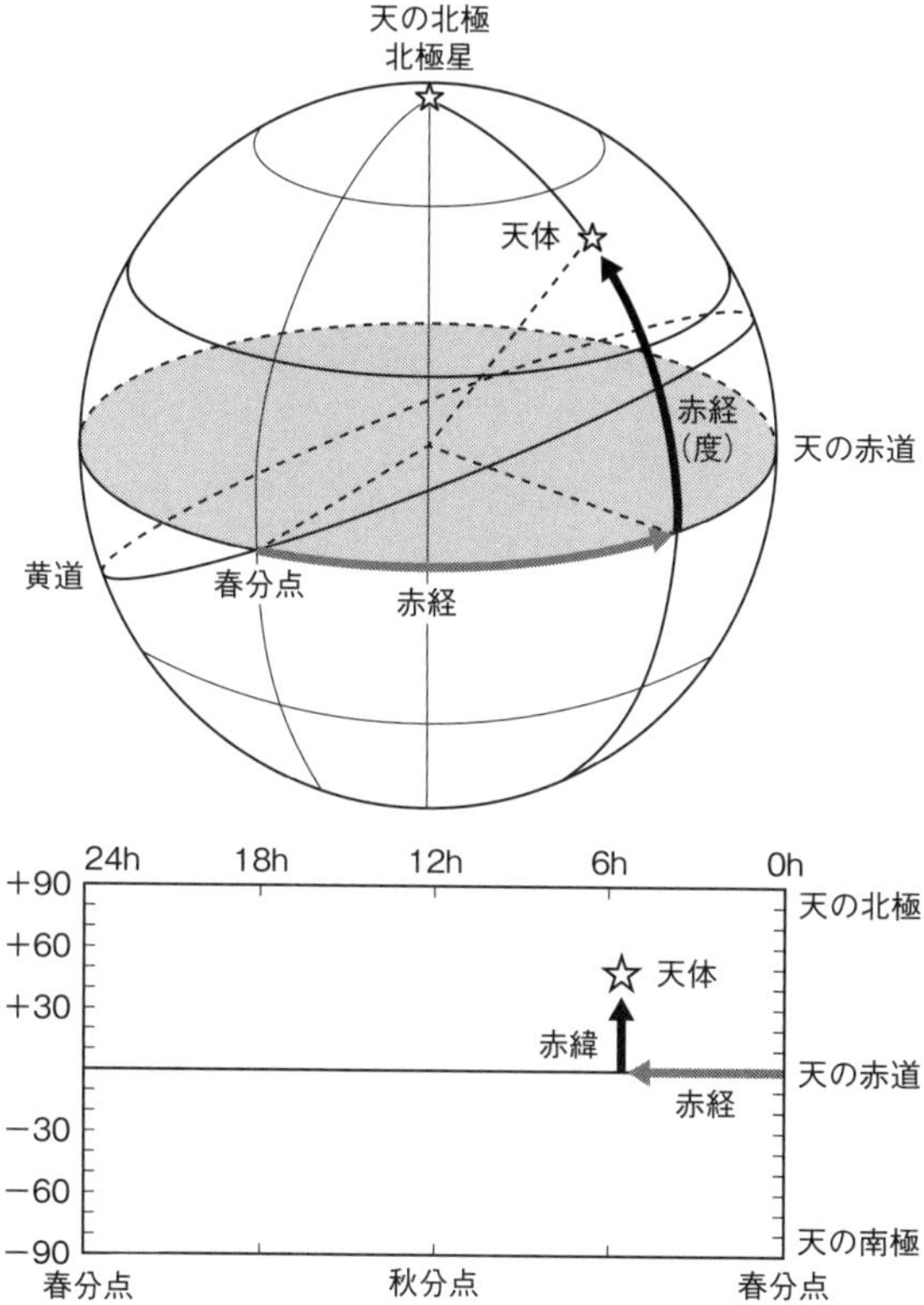

図10　天球の座標・赤道座標（アストロアーツ社Webサイトより引用）

「緯度」「経度」にならって、赤道座標の「赤」をとり、「赤緯」「赤経」と呼びます。

この赤道座標は、時間（地球の自転）に関係ないので、地平座標とはちがい、星々の位置は固定されており、座標を表す「赤緯」「赤経」の数値も短い期間なら変わりません。

星が固定されているのですから、天体の一つである「太陽」の赤道座標も変わらないかというと、そうはいきません。なぜなら、地球は太陽のまわりを1年かけて公転しているので、地球が動いた分だけ、地球から太陽が見える位置も、1日、1日、変わっていくからです。その太陽の動きは、地球（の中心）からの見かけ上では、天球の赤道座標で固定された星々のなかを1年かけてゆっくりと移動していくように見えます。

赤道座標の天球上を動いて1年で1周する太陽の通り道は「黄道」と呼ばれます。

黄道は、天の赤道に対して斜めになっています。理由は、地球の自転軸が、公転の軌道面に対して23・4度ほど傾いているからです。

天球の赤道座標の赤緯と赤経の数値は、どのように決められているのでしょうか。

赤道座標と非常によく似ている地球の場合、緯度は赤道から何度かで測り、経度は、イギリスのグリニッジ天文台を「経度0」の基点として、そこから西回りに角度を測って決めています。

天球上の赤道座標も、地球の緯度に当たる赤緯は、地球の赤道に当たる天の赤道から何度かで表しますが、地球の経度に当たる赤経は、どこを基準に測っているのでしょうか。天球上には黄道があります。春分の日と秋分の日、黄道は天の赤道と交差します。この交差点をそれぞれ「春分点」「秋分点」と呼びます。赤道座標では、この春分点を「赤経0」として、そこから東回りに角度を測って赤経の数値を決めています。

日周運動

私たち天文学者が「星の座標」を扱うときは、赤道座標の赤経、赤緯で表します。赤道座標では星の座標が固定されますが、地平座標では、観測する場所や日時によって、同じ星の座標が変わってしまうからです。

地平座標が日時によって変わる理由は、「日周運動」があるからです。

地球は、北極点と南極点を結ぶ直線（地軸）を軸にして、1日に1回、回転します。

この地球の自転によって、見かけ上は、星や太陽がどんどん動いていきます。太陽が東から昇って西へ沈むのも、日周運動があるからです。

16世紀より以前、「地球は動かないで、周りの星々や太陽がグルグル回っている」と考えられていました。もちろん、実際には誤った考え方でした。しかし、地球は動かない、つまり、観察者が止まっていると考えると、赤道座標も、天の北極、南極を軸にして、天球が地球の自転と逆回りに回転するので、計算上、非常に便利になります。天体の座標さえわかれば、それぞれの星々の動きが予測可能になるわけです。

原理原則がわかれば、赤道座標と地平座標の間には、一定の関係が生まれます。

この関係は、観測者が緯度、経度のどこにいるかと、時刻によって決まります。たとえば、観察者が南極点や北極点に立つと、地平座標と赤道座標は一致します。

その極点から観察場所の緯度と経度がどれくらいずれているのか、時刻はいつかという変数を加えてシミュレーションすれば、日の出や日の入りの方角、月の出入りの方角なども、計算して示すことができます。これが天文学の強みなのです。

このシミュレーションは、日本人が方角を「東西南北」ではなく、十二支（図11）で

図11　十二支の方位

表していた頃から、すでに行われていました。

南中と天体の出没方位

　回転する太陽や星々が最も高く上がっている状態を「南中」と呼びます。天球上で南北をぐるりと結んだ線（円）は「子午線《しごせん》」ですが、この子午線を通過するとき、太陽や星々は南中になり、高度が最も高くなります。

　なぜ、この線を「子午線」と呼ぶかは、昔の日本の方位の呼び方と関係しています。

　江戸時代まで、日本では時刻を十二支

で表していました。同様に、方位（方角）に関しても、360度を十二支で12分割して、「北」の方向を「子《ね》」、そこから30度東に回った方向を「丑《うし》」、そこから30度東に回った方向を「寅《とら》」、さらに30度東に回った「東」を「卯《う》」といった具合に表しました。

北極星を「子の星」と呼ぶのは、このためです。

ちなみに、「東」の「卯」と「西」の「酉《とり》」を天球上でぐるりと結んだ線（円）は「卯酉線《ぼうゆうせん》」といいます。

このように、観察者の場所が決まれば、太陽や星々の出没の方位も、南中したときの高度も決められます。

地球の自転の軸は太陽の方向に対して傾いていますので、太陽が南中する高度は、季節によって変わります。ですから、緯度が高いロンドンや北欧に行くと、冬には、太陽の南中の高度が低く、昼は短くなります。逆に、夏は南中の高度が高くなり、日も長くなるのです。

この仕組みを知れば、どうしてヨーロッパや米国ではサマータイムが採用されているのか、その理由も理解しやすくなります。

太陽の動き（黄道）と季節

さて、天体の出没方位の話に戻りましょう。

読者の中には「ストーンヘンジの話なのに、太陽や星が出たり沈んだりする方向の説明なんて必要なの？」と思う人がいるかもしれません。実は、あとでストーンヘンジなどの巨大遺跡について、古天文学の観点から詳しく説明するのですが、そのとき、この「天体の出没方位」の話が深く関わってくるのです。

では、天体の出没方位について理解を深めるために、まずは「太陽の周りを回る地球の模式図」（図12）をみてください。

この図から、季節ごとに太陽の出没方位がどう変わるか、地球の赤道上からみた場合で考えてみましょう。

春分、秋分の時期、太陽は真東から出て真西に沈むので、昼の時間と夜の時間はほぼ同じになります。一方、夏至では、かなり北側に寄った東北東のあたりから出て、西北西のあたりに沈みます。冬至では、東南東のあたりから出て、西南西のあたりに沈みま

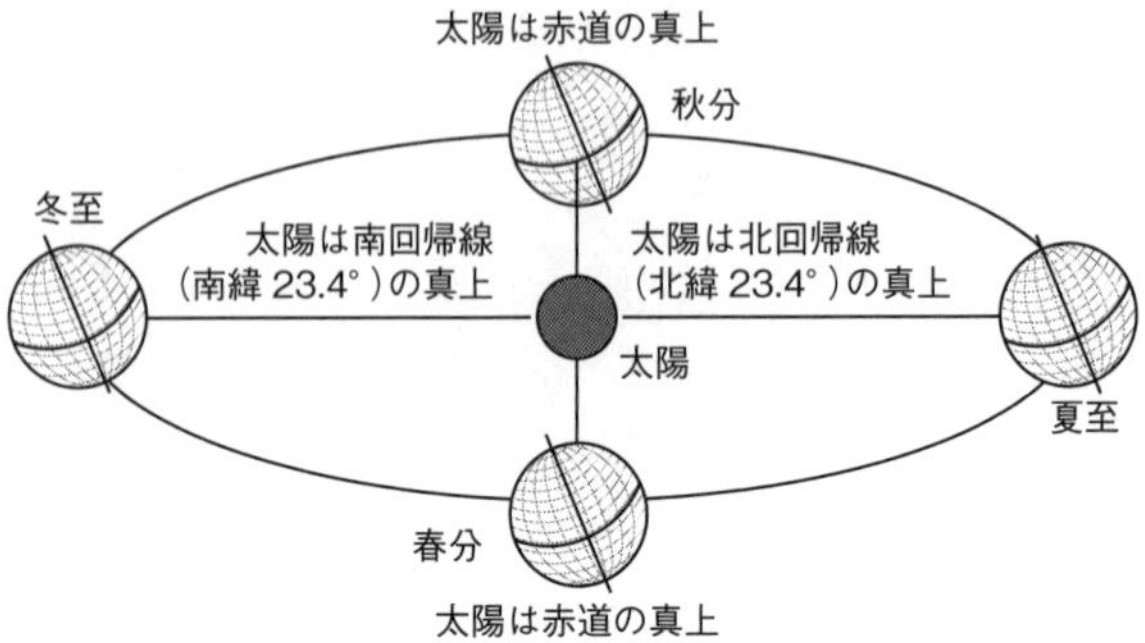

図12　地球の動きと季節

す。

　このように、太陽の出没方位が変わる理由は、地球の自転軸（地軸）が、公転面（地球が太陽の周りを公転するときの軌道が乗っている面）に対して、垂直ではなく、23・4度、傾いているからです。

　では、地球が太陽のまわりを公転する1年間に、見かけ上の太陽の位置が、赤道座標系の星々の中で、どのように動いていくのか、考えてみましょう。

　仮に、太陽が出ていても、夜のように空が真っ暗なままだと仮定します。すると、太陽の向こうには、さまざまな星々が見えます。春、地球が春分の位置にいるとき、太陽の背後には、地球が秋分の頃にある方向の星々が見えます。夏至の頃には、天球上で先ほどより90度ほどずれた方向の星々が太陽の真後

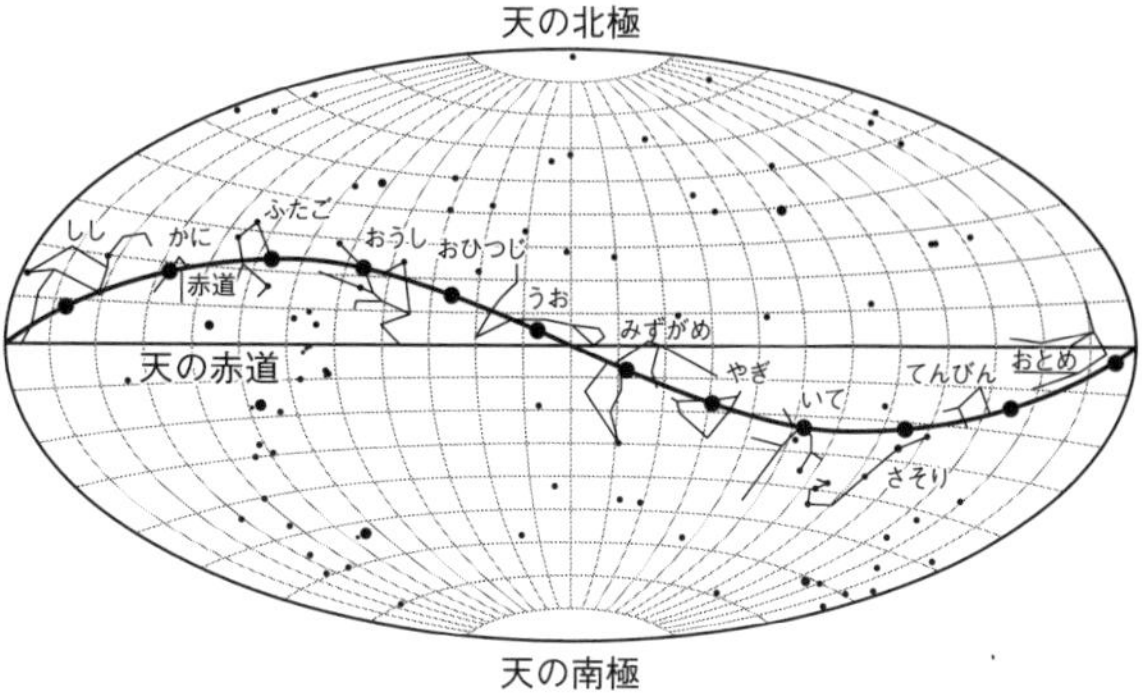

図13　赤道座標における黄道とその通り道にある十二星座（アストロアーツ社Webサイトより引用）

ろに見えますし、秋分には、もう90度ほどずれた星々、冬至には、さらに90度ほどずれて、また、春分になれば、1周回って、もとの星々が太陽の後ろに見えることになります。

つまり、1日、1日、地球の公転の速度（角度）で、少しずつ太陽の後ろの星が動いていって、1年かけてもとの場所に戻るわけです。

この太陽の動きを赤道座標系の天球の星々の上で追いかけていくと、地球の自転軸が傾いていなければ、天の赤道上を1年かけて移動することになります。

しかし、実際の1年間の見かけ上の太陽の動きの軌跡、すなわち黄道は、図13のようにグニャリと曲がった線になります。

太陽が1年かけて、天の赤道上ではなく、赤道座標で見ると波のようにうねる黄道を1周するのは、出没方位が変わるのと同じく、地球の自転軸が23・4度傾いているからです。

さて、この図を見て、気づかれた方もいらっしゃるのではないでしょうか。

そう、ふたご座、うお座、おとめ座など、私たちが慣れ親しんでいる「星座占い」には、この黄道の近くにある「黄道十二星座」が選ばれているのです。余談ですが、黄道上には、さそり座といて座の間に「へびつかい座」もあり、十三星座占いというのも存在しています。

季節や緯度で日没のようすが変わる

これまで、太陽の日の出、日の入りの時刻と方位が季節によって変わることについて説明してきましたが、実は、日の入りの時刻と方位は、観察している場所の緯度によっても大きく異なります。

夏、北極地域では、太陽が昇ったまま一晩中沈まないような「白夜」になり、南極地域では、1日じゅう、夜が明けない「極夜」となります。一方、冬では、これが逆になります。

太陽の出没方位は、赤道上では大体23・4度動くのですが、中緯度地方になると、斜めに出てきたり沈んだりしますから、日の出、日の入りの時刻、方位の季節によるちがいが非常に大きくなります。

緯度が低ければ低いほど、太陽の沈んでいく方向と地平線や水平線との角度が大きいですから、太陽はすとんと落ちて、夕焼けの時間も短くなります。国立天文台の施設が沖縄県の石垣島にあるのですが、そこへ行くと、「日没だ！」と思ったら、あっという間に暗くなるのです。緯度が高ければ高いほど、太陽の沈んでいく方向と地平線や水平線との角度は小さくなりますから、太陽は斜めにじわじわと没して、夕焼けの時間も長くなります。

北海道に行くと、夏至の頃には夜が短くて、午後10時から午前2時くらいまでしか、星の観測ができないのですが、石垣島の施設に行くと、本当に長く観測できます。

月の話　白道とは

地球から観察した見かけ上、太陽が1年かけて赤道座標系の天球上で動く通り道「黄道」について説明しましたが、月も、見かけ上、1日、1日、赤道座標系の天球の星々の間をわずかずつ移動していきます。この月の動きの軌跡は「白道」（図14）と呼ばれ、太陽の黄道よりも、さらに複雑な動きとなります。

太陽の黄道より月の白道の動きの方が複雑になる理由は、二つあります。

ご存じのように、月は約27・3日の周期で地球の周りを回っています。この公転により、月は、1か月の間に、新月から三日月、上弦の月、満月、下弦の月、そして、また新月へと満ち欠けをくり返します。

白道が黄道よりも動きが複雑になる一つめの理由は、約27日かけて地球の周りを1周する「月の公転」の軌道面が、約1年かけて太陽の周りを1周する「地球の公転」の軌道面に対して、5度（正確には5・1度）、傾いているからです（図15）。

もう一つの理由は、この5度傾いている月の公転の軌道面が、18・6年周期で、黄道に対して、ゆっくりと回転しているからです。

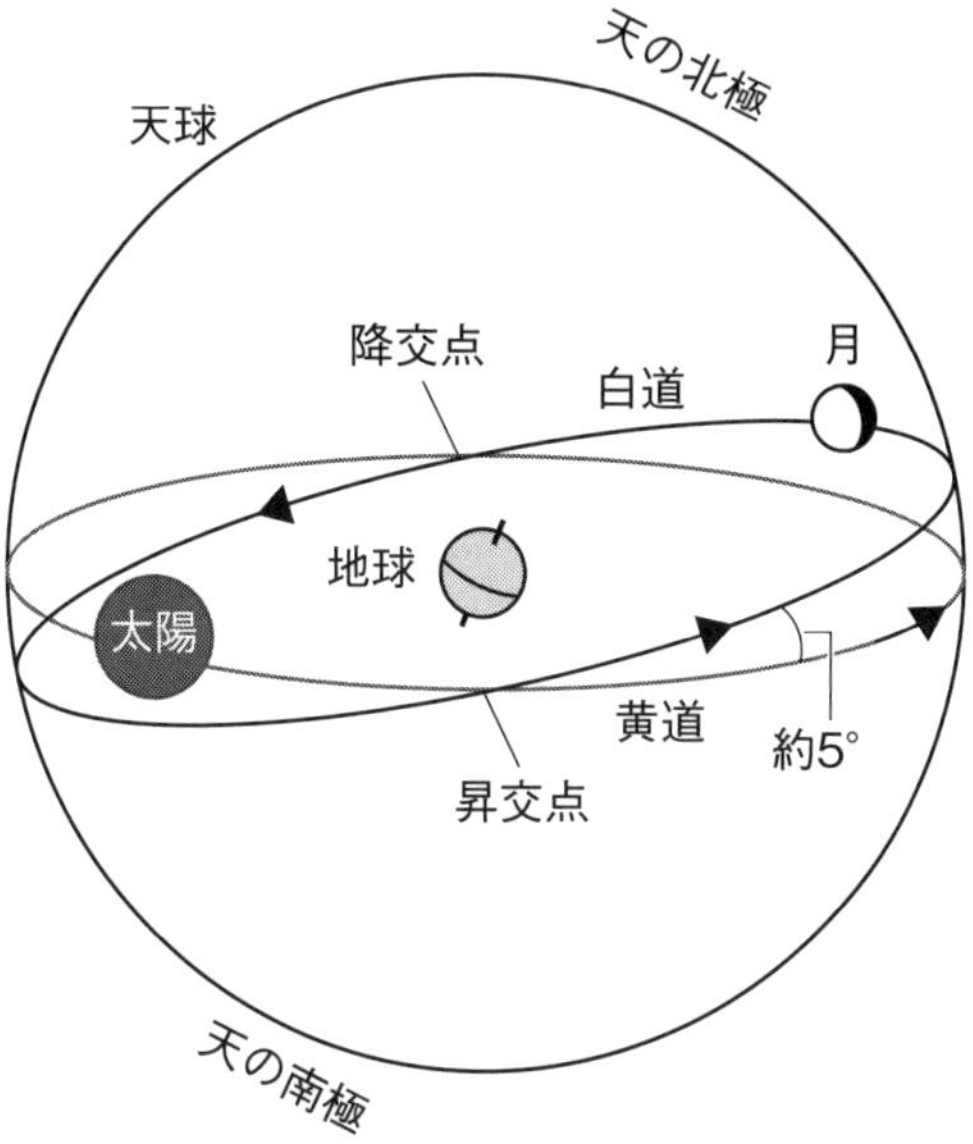

図14　天球上の黄道と白道

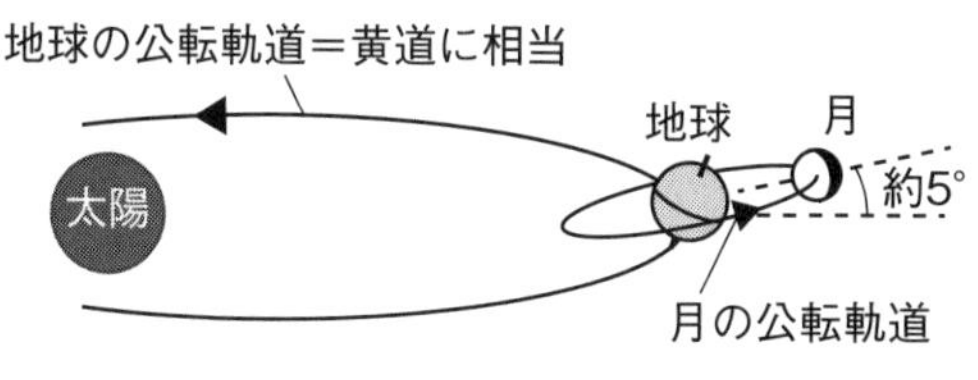

図15　実際の月と地球と太陽の位置

「黄道に対して白道が回転する」というのは、ちょっと想像するのが難しいかもしれませんので、図を参考にしながら、順番に見てみましょう。

まず、太陽と月の地球に対する公転軌道の傾きについて説明します。

赤道座標系の天球上で、見かけ上、1年で地球を1周する太陽の黄道の軌道は、同じく見かけ上、約27日で地球を1周する月の白道と交差する形になっています。

白道は黄道に対して、ある場所で上（天球の北極）方向に最大5度、ずれます。

月は、白道をだんだん下（天球の南極）方向に降りてゆき、あるところで、黄道と一致します。この白道と黄道が一致する点を「降交点」と呼びます。

ここから、月は白道をさらに降りてゆき、90度回ったところで、下（天球の南極）の方向に最大5度、ずれます。

そこからは、だんだん上（天球の北極）の方向に白道を昇るように黄道に近づいてゆき、90度回ったところで、一致します。この白道と黄道が一致する点を「昇交点」と呼びます。

さらに上（天球の北極）の方向に昇っていき、90度回ったところで、上（天球の北極）

の方向に最大5度、ずれた位置まで戻って、1周です。

もし、月の動きの条件がこれだけでしたら、白道も、黄道のように、赤緯座標の天球上に固定した状態で描くことができるでしょう。

しかし、白道にはもう一つ、「黄道に対して18・6年周期で回転する」という条件があるのです。

「白道が黄道の軌道に対して18・6年周期で回転する」とは、図15のように、5度ずれたままの状態で、二つの接点「昇交点」「降交点」の位置が、天球上に固定された黄道を18・6年で一周する速さで、回転するという意味です。

ですから、天球上の黄道の円に対して5度傾いた白道の円を描くことはできるのですが、白道は黄道に対して5度の傾きを保ったまま回転しているので、月の軌道（白道）は、太陽の軌道（黄道）のように赤道座標の天球上に固定できないわけです。

出没方位図とスタンドスティル

太陽が南中するときの高さは、地球の自転軸の傾きの影響で、1年間に23・4度の倍の幅で上下します。ご存じのように、夏至で最も高くなり、冬至で最も低くなります。

一方、月、特に太陽と反対側に位置する満月が南中するときの高さは、太陽と逆に、夏至で最も低くなり、冬至で最も高くなります。ただし、その「高く（低く）なり方」は「5度の傾き」と「18・6年周期の回転」によって、太陽とはちがってきます（図16）。18・6年のうち、白道の昇交点（月が白道上で黄道面を南から北に横切る点）と春分点が一致する頃（図の左上）には、白道が黄道よりも天の赤道に対して大きく傾きます。白道は黄道よりもさらに5・1度ほど傾くことになりますから、月が南中する高さも太陽より大きな振れ幅（つまり28・5＝23・4＋5・1度の倍）となり、夏至の満月は太陽よりも約5度ほど低く、逆に冬至の頃の満月は夏至の太陽よりも5度ほど高く南中します。２０２５年が、この時期に当たります。したがって、月の出入りの方位も大きく変動します。この状況のことを「メジャー・スタンドスティル」と呼びます。

それから約4・7年後には、白道の昇降点は冬至点のあたりにやってきます。（図の

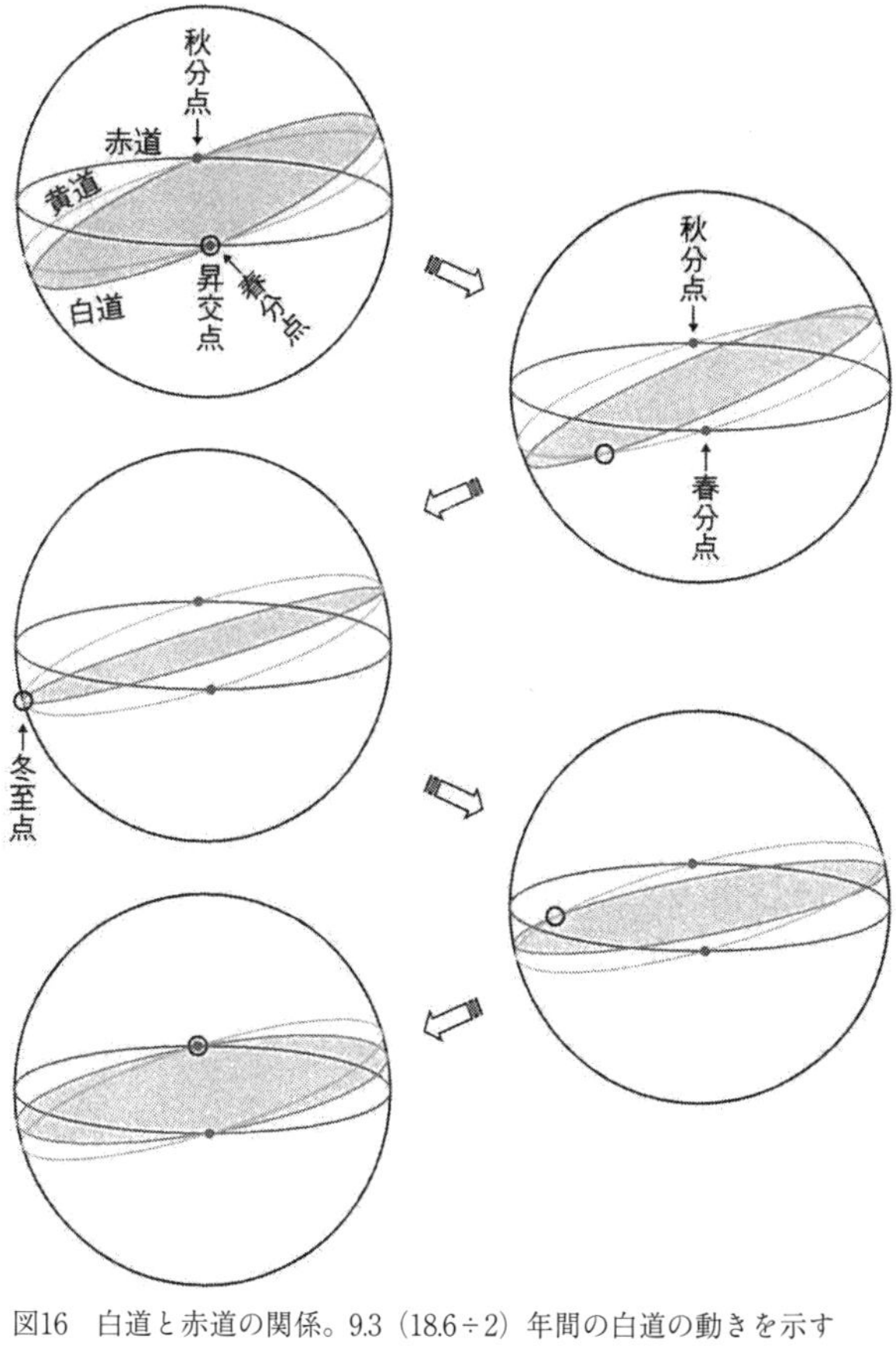

図16　白道と赤道の関係。9.3（18.6÷2）年間の白道の動きを示す

左中）。こうなると、天の赤道に対する黄道の傾きと白道の傾きがほぼ一致します。月の南中時の振れ幅は太陽とほぼ同じとなり、出没方位の振れ幅も同じになります。

さらに約4・7年後、白道の昇交点が秋分点に一致することとなります（図の左下）。こうなると、月は基本的に黄道と天の赤道の間を動くことになりますので、月の南中高度の振れ幅が太陽よりも小さくなります。月の南中の高さが1年間を通して、天の赤道からプラスマイナス18・3（23・4－5・1）度しか変わらないことになります。つまり、この年の夏至の頃の満月は冬至の太陽よりも5度ほど高く、冬至の満月は夏至の太陽よりも5度ほど低く南中します。これに従って、月の出入りの方位の変動も太陽よりも小さくなります。この時期は「マイナー・スタンドスティル」と呼ばれます。２０３４年が、この時期に当たります。

スタンドスティルという用語は、もともと学術用語ではなかったため、これに対応する適切な日本語訳はまだありませんが、考古学、特にストーンサークルの研究ではよく使われているようです。

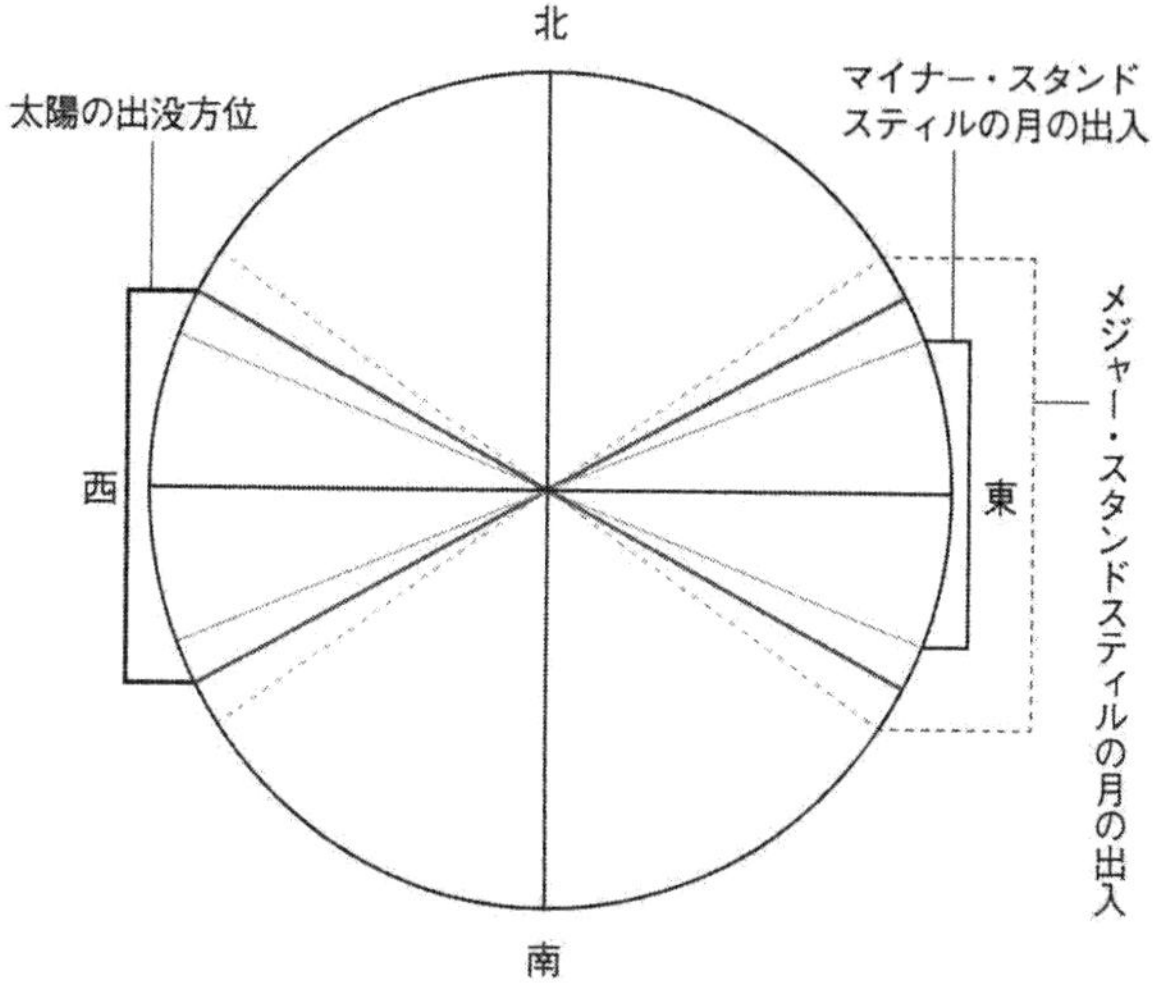

図17　太陽と月の出没方位

月の出入りと遺跡の関係

では、太陽と月の出没方位について、さらに詳しくみてみましょう。

次の図（図17）は、私たちが住んでいる日本（北緯35度）で見た1年間の太陽と月の出没方位が動く範囲を示しています。

図の太い2本の線で挟まれた左右（東と西）の部分が、1年間の太陽の出没方位の動きの範囲です。

問題は、月です。黄道面に「5度の傾き」があり、さらに「18・6年周期で変化する」ため、最も変動するメジャー・スタンドスティルの年には、出没方位が太陽よりも広い範囲、図では点線の2本の線で左右に挟まれた範囲を動きますし、最も変わらないマイナー・スタンドスティルの年には、太陽よりも狭い範囲、図の点線の2本の線で挟まれた東と西の範囲で動きます。

つまり、月の出、月の入りは、太陽のように季節にだけ左右されるのではなく、18・6年周期の変化にも影響されるので、そのパターンは無数に存在するわけです。

地球の歳差運動とは

さて、これまで、赤道座標の天球上で、太陽と月の見かけ上の動きや出没方位はどう変わるのかについて、みてきました。

これらの説明はすべて、「赤道座標の天球における星々の位置は変わらない」という前提のもとに成り立っていました。

この前提は、ここ数年、数十年、そして、ちょっと微妙ですが数百年前単位で考えるときには、ほとんど問題ないでしょう。

しかし、今回のテーマである「古天文学」のように、数千年前につくられたストーンヘンジなどの巨石遺跡について考察する場合は、話が変わります。それだけ長い歳月で考えるとき、「赤道座標の天球における星々の位置」も変わってしまうのです。

理由は「歳差」と呼ばれる現象によって、地球の地軸の方向に対して、およそ2万6000年周期で、赤道座標上の星々の位置が変化しているからです。

天文学では、地球の地軸を北の方向に伸ばしていった先にある星を「北極星」と呼びます。北極星は、赤道座標の天球の「天の北極」に位置しており、地球は地軸を中心に自転するので、見かけ上、夜空の星は北極星を中心として、1日（23時間56分）に1回転して、もとの位置に戻ります。

現在、一般的に「北極星」と言うと、北の方向の夜空に明るく輝く2等星の「こぐま座のα《アルファ》星」を指します。しかし、エジプトでピラミッドが建設された紀元前2700年頃には「りゅう座」の「アルファ星 ツバン」という3等星が北極星（天の北極に最も近い位置の星）でしたし、1万2000年後には「おりひめ星」として知られる「こと座のベガ」が北極星になります（図18）。

この歳差は、地球が「みそすり運動」（図19）をしているために起こります。

みそすり運動とは、まるですり鉢の中の味噌《みそ》をすりこぎでするときの動きのように、地球の地軸が円錐《えんすい》形に動く現象です。

歳差は太陽や月の出入りには関係ありませんが、星がどう見えるか、星が地平線や水平線のどの位置で出没するかを大きく変化させます。

たとえば、南十字星は、今、日本では石垣島や沖縄本島でしか見えませんが、縄文時代には、日本列島全域で見ることができました。

このような「星の見え方のちがい」についても、ストーンヘンジなどの巨石文化を星と結びつけて考えるときには、考慮しなければならないのです。

3　古天文学の視点で巨石遺跡を見る

ストーンヘンジの分析

さて、黄道や白道、太陽、月、星の出没方位の変化など、位置天文学に関係する説明が終わったところで、いよいよ、巨石文化と天文学を結びつける古天文学の視点から、

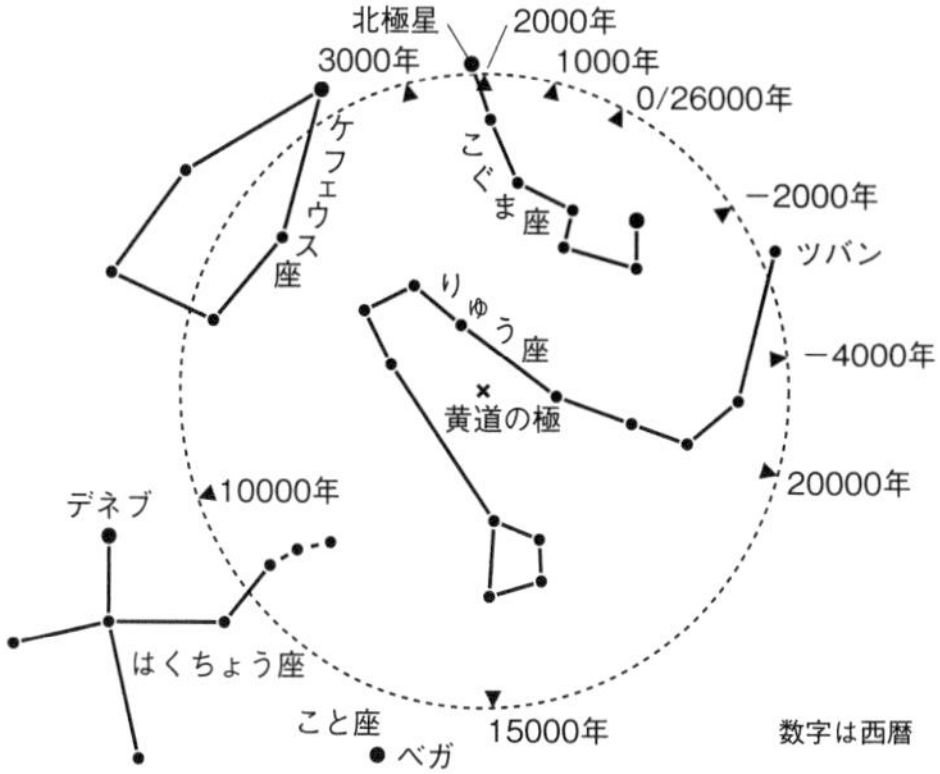

図18　地球の歳差運動

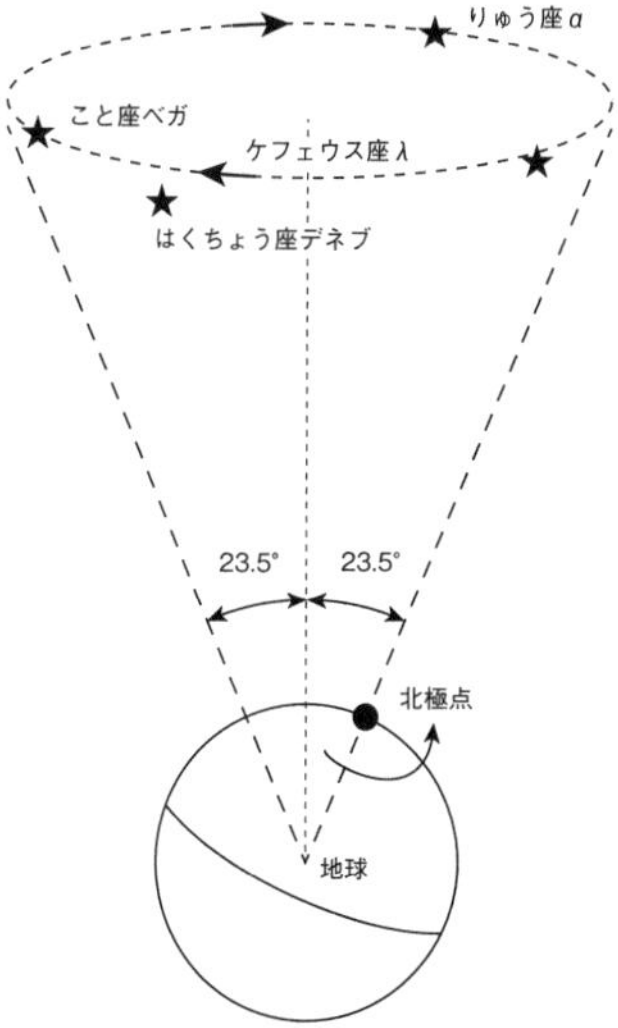

図19　地球のみそすり運動

巨石遺跡について検証してみましょう。

まずは、巨石遺跡の代表格とも言えるストーンヘンジです。

先にも紹介した「ストーンヘンジの平面図」に、日の出や月の出の方向を加えて考察します。

イギリス南部のソールズベリーから北西に13キロほどの場所にあるストーンヘンジでは、中央にある聖壇石からみたヒール・ストーンの方向が、この地の夏至の日の出の方向と一致しています（図7参照）。また、その正反対の方向が、冬至の日の入りの方向と一致します。この「冬至の日の入りの方向を示していること」が、考古学的に重要だという説があるのです。

1963年、イギリスの天文学者のジェラルド・S・ホーキンスは「ストーンヘンジが天体の位置と関係した方向を示している」という内容の論文を『ネイチャー』誌で発表して、翌々年、『ストーンヘンジの謎は解かれた』という本を出版して、議論を巻き起こしました。冬至をさかいに、太陽の南中の高度は上がっていきます。その日から、どんどん温かくなっていくので、祭祀としては重要な日に当たり、いろんな儀式をやったのではないか、と考えたわけです。

ストーンヘンジが夏至の日の出や冬至の日の入りの方向を示すことについては、考古学者も天文学者も見解が一致しています。ただ、月の出入りに関してまでも話が広がると、天文学者の観点からみれば、見解は異なってしまいます。

一番南の位置となるメジャー・スタンドスティルの月の出は、聖壇石とヒール・ストーンを結んだ線（夏至の日の出の方向）に対して直角に近い方向になるのですが、「平たい聖壇石の方向が「夏至の最北の月の出」の方角を示している」と言う人がいたり、「聖壇石を挟むかたちで2組のステーション・ストーンを結んだ方向が「最南の月の出」の方角を示している」という人もいるのです。いずれにせよ、多くの要素があるのでどれかを取り出して結ぶとそれなりに意味を見出せてしまうという危険性もあることを肝に銘じなくてはなりません。

ただ、夏至の月の出の最南の方向が、夏至の日の出の最北方向と直交する現象は、ある緯度でしか起こらないのです。

ストーンヘンジはアナログ・コンピューターだった？

いろいろな反論に対して、「そういう緯度に位置した場所だったからこそ、そこにストーンヘンジがつくられた」というのがホーキンス氏の説です。残念ながら、この説に賛成する考古学者は、あまりいません。そこまで天文学的な理由を考えて、わざわざ、それに適した場所を探してから、ストーンヘンジをつくったと考えるのには、無理があるので、いろいろと議論が分かれるところです。

さらに議論が分かれるのは「ストーンヘンジの56個のオーブリーホールに6個のマーカーストーンを組み合わせれば、日食や月食を予測できた」という説です。

たしかに「56個に6個」という組み合わせは、周期性をよく表しています。しかし、この方法だと、ストーンヘンジの上空では見ることができない日食や月食も予測されてしまうのです。

この異論に対して、天文学者でSF小説家のフレッド・ホイル氏は、「4個の「マーカー」とオーブリー・ホールを使うと、ストーンヘンジ上空の日月食の予測が可能である」と反論しました。

ホイル氏は「太陽マーカー」と呼ぶ石をオーブリー・ホールの穴に入れて、13日で2穴進めると、13×28＝364で、ほぼ1年の日の数になります。また、「月マーカー」と呼ぶ石を1日で2穴進めると、56÷2＝28で、ほぼ月の満ち欠けの周期の日数と一致します。日月食は新月や満月のときにしか起こらないので、当時は、ストーンヘンジのオーブリー・ホールをアナログ・コンピューターとして使って、こういう周期を計算していたという考え方です。

残りの二つのマーカーは、黄道と白道の交点を示すようにオーブリー・ホールの正反対の位置に置いて、これらを1年に3穴進めると、56÷3≒18・6で、これは白道と黄道の昇交点と降交点が回転する18・6年の周期を示しているのではないか、と言われています。

「この太陽マーカーと月マーカーともう一つのマーカーが同じ穴に集まったとき、日食（月食）が起きる」というのです。

よくできた話ではありますが、そもそも、ストーンヘンジがつくられた頃に、「白道が黄道に対して18・6年周期で回転している」という事実が解明されていたかどうか、疑問が残ります。

いずれにせよ、非常に批判が多く、いまだに一般的には信じられていません。

メジャー・スタンドスティルと二つの巨石遺跡

このストーンヘンジのように、巨大遺跡が天文学と関係していたという話はいくつかあります。

たとえば、スコットランド東部アバディーンシャー州の丘陵地にある「ローンヘッド・オブ・デービオッド」(図20)です。

紀元前3000年頃につくられたと考えられているこのストーンサークルには、南西と南南東の間に横長の平たい石が置かれています。18・6年に1度、メジャー・スタンドスティルのとき、月は、この地の南の空の低いところを移動するのですが、そのとき、まるで月がその平たい石に置かれているかのように見えるので、この巨石遺跡自体が、月のメジャー・スタンドスティルを意識してつくられているという話です。

事の真偽はさておき、このローンヘッド・オブ・デービオッドで、子どもの頭蓋骨や

図20　ローンヘッド・オブ・デービオッド

図21　カラニッシュ　iStock.com/kris1138

燃えたヤナギの葉などが出土したことから考えると、おそらく、幼くして亡くなった子どものお葬式が執り行われた場所ではないかと考えられています。

もう一つ、月との関係が考えられる巨石遺跡として、スコットランド北西岸アウターヘブリディーズ諸島のルイス島西部の村にある「カラニッシュ」（図21）があります。新石器時代につくられたと考えられている立石群で、ストーンサークルを中心として、十字の形に列石が並んでいます。

興味深いのは、古代ギリシャの記述に「神が19年に1度、この島を訪れる」と書いてあることです。この地の緯度（北緯）はロンドンよりも高いので、夏の月が地平線ギリギリになるため、メジャー・スタンドスティルのときでなければ、月が見えないのです。逆に言えば、夏の満月が地平線から顔を出すのは「19年（正確には18・6年）に1度」です。そうなると、19年に1度しか現れないお月様のことを「神」にたとえて記述したのだろうと想像できます。

実は、巨石遺跡と月の関係について、私たち天文学者が見ても「確かにそうだよな」と思えるのは、このカラニッシュくらいしかありません。

日本の巨石遺跡

最後に、日本の巨石遺跡について、簡単に紹介します。

北海道や北日本には縄文時代の列石などが結構多いのですが、残念ながら石が非常に小さいため、乾燥しているイギリスやヨーロッパとはちがって、日本では雨で流されたり動いたりすることが多く、過去の配置が保存されにくいので、天文学的な意味づけのできるものが、ほとんどありません。

「秋田・大湯の環状列石」には、「野中堂環状列石」と「万座環状列石」という二つの列石があります。環状列石のモノリスは、もう完全につぶれていますが、見つかったものを復元して立てたらしい現在の形を見ると、真ん中に一つ、大きめの石があるので「日時計タイプ」と考えられています。

この近く、八幡平には「釜石環状列石」があります。私もここをちょっと調べてきましたが、方位と関係があるとは思えませんでした。

北海道の小樽には「忍路《おしょろ》環状列石」があります。三笠山の山麓の緩やかな斜面に大きな立石があり、その周囲には、小石が直径33mと22mの楕円形に置かれています。

約3500年前の縄文時代後期につくられたとされ、「区画墓」と呼ばれる集団の墓地だと考えられています。ただ、ここにも、何か天文学的な方角の特異性が見つかったということはありません。

巨石文化と天体観測

巨石文化は、基本的には祭祀を行っていたとか、冬至にお祝いのお祭りをやっていたという説が濃厚です。

月を観察していた可能性も高いのですが、それが明確にわかるのはカラニッシュくらいだと思います。

巨石遺跡を使って、星を見ていたかどうかはちょっと微妙で、日月食予測はさらに微妙だと思われます。

巨石遺跡と天体の関係は非常に面白いので、ロマンをかき立ててくれるのですが、日本では、巨石文化について、科学的とは言えないものも多いので、天文学的に正しい知識を持って、慎重に検証することをお勧めします。

科学的な視点からも信頼できる巨石遺跡の参考書籍としては、世界各地の古代の遺跡で岩や巨石が生み出す魅力的な光景を撮影する写真家でもある山田英春さんがブリテン諸島の巨石遺跡を多数記録した『巨石――イギリス・アイルランドの古代を歩く』（早川書房、2006年）が挙げられます。

内容としては、ストーンヘンジの詳細な解説を含むイングランドに加え、スコットランド、ウェールズ、アイルランドの四つのエリアの巨石が取り上げられています。

英文の書籍も含めた何十冊もの書籍や地元で発行されている小冊子など、豊富な文献をもとに書かれた解説や分析の信頼度は高く、何より山田氏が撮影した数々の巨石遺跡の写真が美しくミステリアスで、それらを眺めているだけでも飽きないので、巨石文化に興味のある方には一読をお勧めします。

著者の山田氏は書籍の装丁を専門にするデザイナーです。メノウなどの美しい模様の入った石のコレクターとしても知られており、『縞と色彩の石 アゲート』（創元社、20

20年)、『奇妙で美しい石の世界』(ちくま新書、2017年)、『石の卵――たくさんのふしぎ傑作選』(福音館書店、2014年)など関連した著作もたくさんあります。

第二章　太陽信仰とピラミッド

1　ピラミッドはどこを向いているか

ミューオンで進んだピラミッドの研究

ピラミッドは、非常に大きな石を加工して、四《し》角錐《かくすい》状に積み上げた構造物です。実は、ピラミッドは単体だけでなく、その周囲に付随する葬祭殿などの建造物との複合体として使われていたことがわかってきました。

このピラミッドの研究を代表とする「エジプト学」に関しては、早稲田大学名誉教授の吉村作治先生や近藤二郎先生をはじめとして、日本の研究者がリードしています。早稲田大学には専門の研究所もあるくらいです。さらに近藤先生はエジプト考古学者でありながら天文学にも造詣が深く、星座の起源の研究もしています。

最近は、ピラミッドの内部構造を「ミューオン」という素粒子で透視する方法が成果を出しています。ミューオンは空から降ってくる中性子なのですが、これを使って、日本人の研究者が、ピラミッドの中に未発見の空洞があることを発見したことから、現在はピラミッドなど古い構造物の重要な研究手法の一つになっています。このミューオンを利用した透視の能力はかなり高く、火山の「火道」を透視できたり、マグマがどこにあるのかまで、わかるのです。

このミューオンによる透視の研究成果をもとに、太陽信仰だったエジプトにおいて、ピラミッドの内部は、その中心に置かれた棺から、埋葬された王が天に昇るための階段を模した構造なのではないかと考えられるようになりました。

階段ピラミッド

ピラミッドは、建造された年代の古い順番から「階段ピラミッド」「屈折ピラミッド」「真正ピラミッド」というふうに進化していきます。

階段ピラミッドの代表が、第三王朝の宰相イムホテプが設計した「ジェセル王の階段

図22　ジェセル王の階段ピラミッド　iStock.com ／ Foxie_aka_Ashes

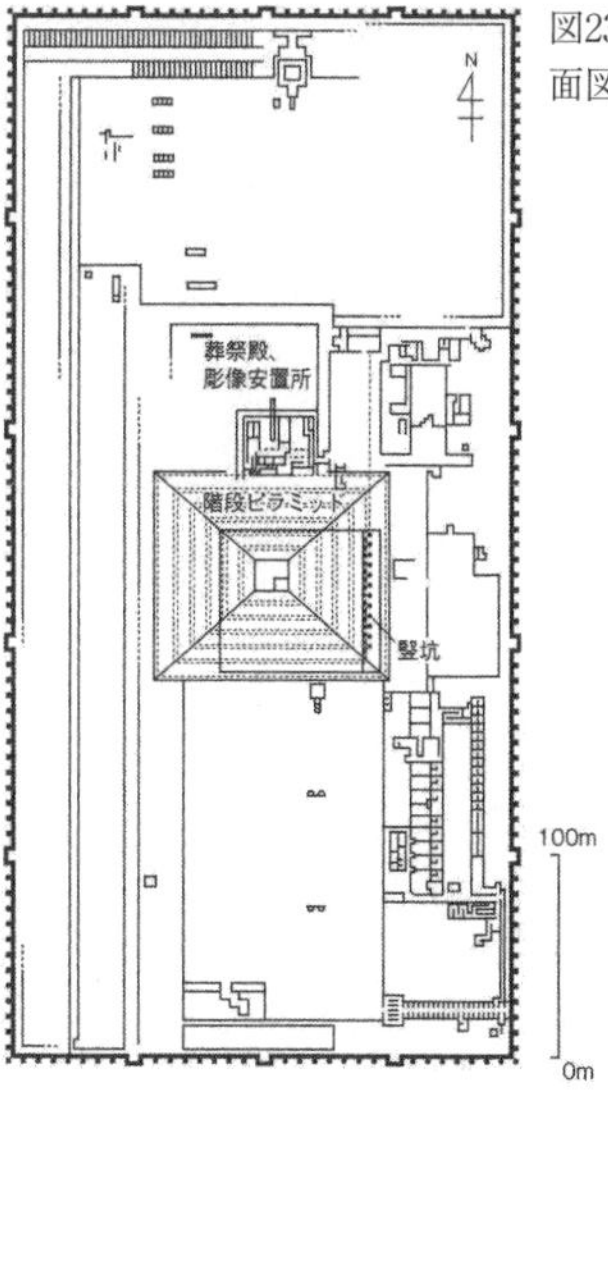

図23　ジェセルの階段ピラミッド平面図（Stadelman 1985より）

ピラミッド」（図22）です。

この頃から、ピラミッドは東西南北の方向に合わせて建造されています。昔から何をするにしても、まず「東西南北」を気にしていたと思われます。そのことは、ジェセル王の階段ピラミッドの図面（図23）をみても明らかです。

このピラミッドは、上からみると南北に長い長方形になっています。ピラミッドだけでなく、葬祭殿と思われるものや彫像の安置場所など、ほかの構造物もほぼ正確に南北の方向に向けられています。

ちなみに、王様の彫像は「北天」を見上げています。これは東洋で言うところの「北辰信仰」に基づいたものと思われます。夜、星空を見たとき、それ自体は動かず、その周りをほかの星がぐるぐる回っているように見える星を「北極星」と呼びます。今の時代だと「こぐま座アルファ星」がこれに当たります。この北極星の周りを星々が永遠に回り続けるので、「魂が天に昇っても永遠であり続ける」という信仰につながっているのです。

この信仰のため、北半球に住む昔の人たちは「北向き」に安置されたと考えられています。

屈折ピラミッド

時代が過ぎて第四王朝になると、次第に形が整ってきますが、それでもまだちょっと曲がった部分がある「屈折ピラミッド」という形態になっていきます。

その代表が「第四王朝のスネフェル王の屈折ピラミッド」（図24）です。

このピラミッドは、地上から49ｍ地点までの勾配が約54度ときつく、そこから先は勾配が約43度とゆるくなっています。この勾配の変化によって、ピラミッドのへりの線が直線ではなく、途中で曲がっているので、「屈折ピラミッド」と呼ばれています。

勾配が途中で変わった理由については、いろんな解釈があります。一説には、ピラミッドを下の土台の方から、最初は54度の急勾配でつくっていたのですが、積み上げていくにつれて、その急勾配では石を持ち上げられなくなり、途中で諦めて、49ｍ地点からは勾配をゆるめたのではないかと言われています。

真正ピラミッド

この屈折ピラミッドの登場からしばらくして、一般的に「ピラミッド」と呼ばれるタイプのものが出てきます。それが「真正ピラミッド」（図25）です。

その中でも一番古いものが「赤いピラミッド」と呼ばれるピラミッドです。先に紹介した第四王朝のスネフェル王が、ダハシュールという街に建造しました。

このピラミッドでは、途中で勾配が変化することなく、「屈折ピラミッド」の上の部分と同じ43度の勾配で、全体が積み上げられています。横から見ると、側面は二等辺三角形になります。これは〝太陽光線〟を象徴していて、〝太陽信仰〟につながるものだと考えられています。

では、なぜ当時、エジプトの王たちは、これほど大きな建造物をつくったのでしょうか。その理由については、さまざまな分野の専門家が研究されています。中には「ほかの国から来る人に対して、「エジプト」という国の豊かさや王の権威の大きさを見せつけるためにつくった」という説もあります。

いずれにせよ、これらのピラミッドのほとんどは、かなり正確に東西南北を向いてい

図24　スネフェル王の屈折ピラミッド　iStock.com/Magzmichel

図25　ダハシュールの真正ピラミッド　iStock.com/Jakich

るのです。

三大ピラミッド

真正ピラミッドとしてよく知られているのは、カイロの郊外にあるギザの大ピラミッド群の「三大ピラミッド」です。

特に有名なのが、最も大きな「クフ王のピラミッド」です。勾配は51度52分と、スネフェル王の「赤いピラミッド」の43度よりもきつくなっています。大きさはかなり巨大で、正方形の底面の1辺の長さは230m、高さは146mです。この230と146は、最も美しい比率と言われている黄金比（1・6対1）になっています。

全体も大きいのですが、積み上げられている一つひとつの切石も、1片が1m50cmから1m60cmと、非常に大きなものが使われています。これだけ大きな切石を使って、これだけ巨大なピラミッドを作るというのは、相当な労力と時間がかかるわけです。

クフ王のピラミッドのほか、2番目に大きな「カフラー王のピラミッド」、「メンカウラー王のピラミッド」と、同じ場所に三大ピラミッドが並んでいます。

三大ピラミッドが並んだ向きは、古代エジプトの都市「ヘリオポリス」を向いています。「ヘリオポリス」とは、ギリシャ語で「太陽（ヘリオス）の町」という意味です。

これらの巨大なピラミッドは、東西南北に向いた状態で、三つが次の地図のように並んでいます。

「これはオリオン座の三つ星を表現している」という人もいますが、説得力に欠け、エジプト学の研究者からは否定的にとらえられています。

ピラミッドの方位は歳差でずれている

三大ピラミッドは、かなり正確に東西南北に合わせて建造されています。およそ4500年前、彼らはどうやって精度の高い東西南北の測量を実現したのでしょうか。

いくつか考えられる中の一つが、星を使って方位を計測する方法です。

遥か昔から、エジプトの人たちにとって、星を見るのは、国の興亡がかかるほど重要なことでした。そのため、星を見るのが仕事の役人までいたと言われています。

彼らがどれくらい正確に東西南北を計測していたかというと、現在の技術で測量した東西南北の方位とほんのわずかしかずれがないほどのレベルと言えます。その微妙なずれは、現在の最新の測量技術を使って、やっとわかるぐらいの誤差の範囲に収まっています。それほど、当時のエジプトの測量技術は卓越していたのです。

ところで、このずれについてですが、現代の最新技術によって測量された方位とピラミッドの向きの方位が微妙にずれているだけでなく、実は、ピラミッド同士、つまり、一番古い第3王朝時代に建造された「ネチェリケト王の階段ピラミッド」、第4王朝のスネフェル王の屈折ピラミッド、真正ピラミッドの中で一番古い「赤いピラミッド」、そして、古い順番にクフ王のピラミッド、カフラー王のピラミッド、メンカウラー王のピラミッドといった各ピラミッドの間でも、向きが微妙にずれていたのです（図26）。

そのずれはあまりに小さかったので、考古学の研究者の間では「星を測量したときの誤差によって生じたずれ」と考えられてきました。

ところが、近年、天文学者によって、そのずれが、測量時の誤差ではなく、「歳差」によって生じたずれではないかという指摘がなされました（歳差：第一章図18、19参照）。

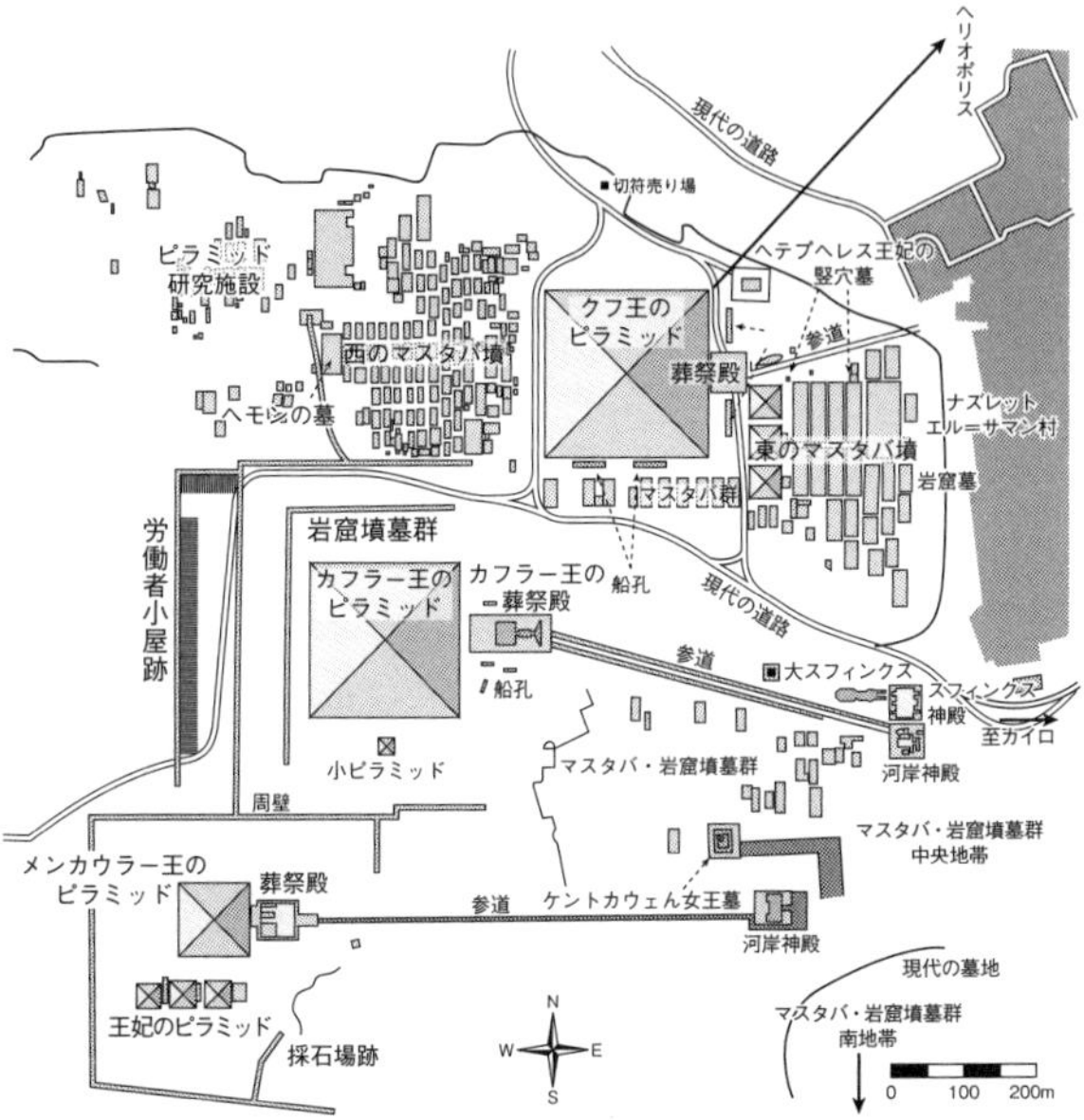

図26　三大ピラミッドの地図（ギザのピラミッド複合遺跡日本語版、Wikiwikiyarou origined by Messer Woland）

そして、この歳差が原因で、建造された時代の異なるピラミッドの東西南北の向きが微妙にずれているのだとすれば、逆に、その歳差から、ピラミッドが建造された正確な年代が推測できるのではないかという学説が発表されたのです。

この学説の解説のために必要な基礎知識として、まずは、当時のエジプトの人たちがどのようにして正確な「方位（北）」を決めていたのかについて、二つの説を紹介しましょう。

天の北極を定める二つの説

歳差は、すり鉢の味噌《みそ》をすりこぎでする動きのように、地球の地軸が円錐形に動く「みそすり運動」のために起こる現象です。この現象によって、毎年、赤道座標の天球の「天の北極」の位置がわずかずつ移動するため、この「天の北極」の最も近くに位置する「北極星」も変わります。

現在の「北極星」は、北の方向の夜空に明るく輝く2等星の「こぐま座のアルファ星」ですが、ピラミッドが建設され始めた紀元前2700年頃には「りゅう座」の3等星「アルファ星ツバン」が北極星だったことも、第1章「ストーンヘンジ」で触れました。

ただし、この「ツバン」は、あくまでも「天の北極に最も近い」のであって、正確な天の北極、つまり「真北」に位置しているわけではありません。

では、エジプトの人たちは、どのようにして、より正確な真北（天の北極の方向）を測量していたのでしょうか。

その方法について、二つの学説が発表されています。

一つは、2001年にロウリンズ（Rawlins）氏とピカリング（Pickering）氏が発表した「りゅう座のアルファ星「ツバン」とりゅう座10番星が水平になったときの中間点を北（天の北極）とした」という説です。

もう一つは、2000年にスペンス（Spence）氏が発表した「こぐま座のベータ星とおおぐま座ツェータ星（ミザール）が縦に並ぶときの方向を北にした」という説です。

この二つの星を一生懸命見ていて、上下に並んだとき、ひもか何かで垂線を垂らして、そっちの方向が北だとわかるわけです。

どちらの説をとっても、歳差によって、およそ2万6000年周期で星々の位置が変化しているので、測る年代によっては、同じ精度で同じ星を測っても、微妙にずれるのです。

建造年で微妙にずれるピラミッドの向き

スペンス氏の説に出てくる二つの恒星も、紀元前2500年頃には、ほとんど真北を示す子午線と一致するのですが、200年経って、紀元前2300年頃になると、地球の首振り運動に起因する歳差によってずれてきます。

スペンス氏は、実際にそれぞれのピラミッドの東西南北を正確に測って、歳差によるずれを年代別にプロットしました。

この方位のずれと測定（建造）年代を視覚化したのが、次のグラフ（図27）です。

グラフのなかの「1」が第三王朝時代に建造されたネチェリケト王の階段ピラミッド、「2」は第四王朝のスネフェル王の屈折ピラミッド、「3」は真正ピラミッドの中で一番古い「赤いピラミッド」、「4」はクフ王のピラミッド、「5」はカフラー王のピラミッ

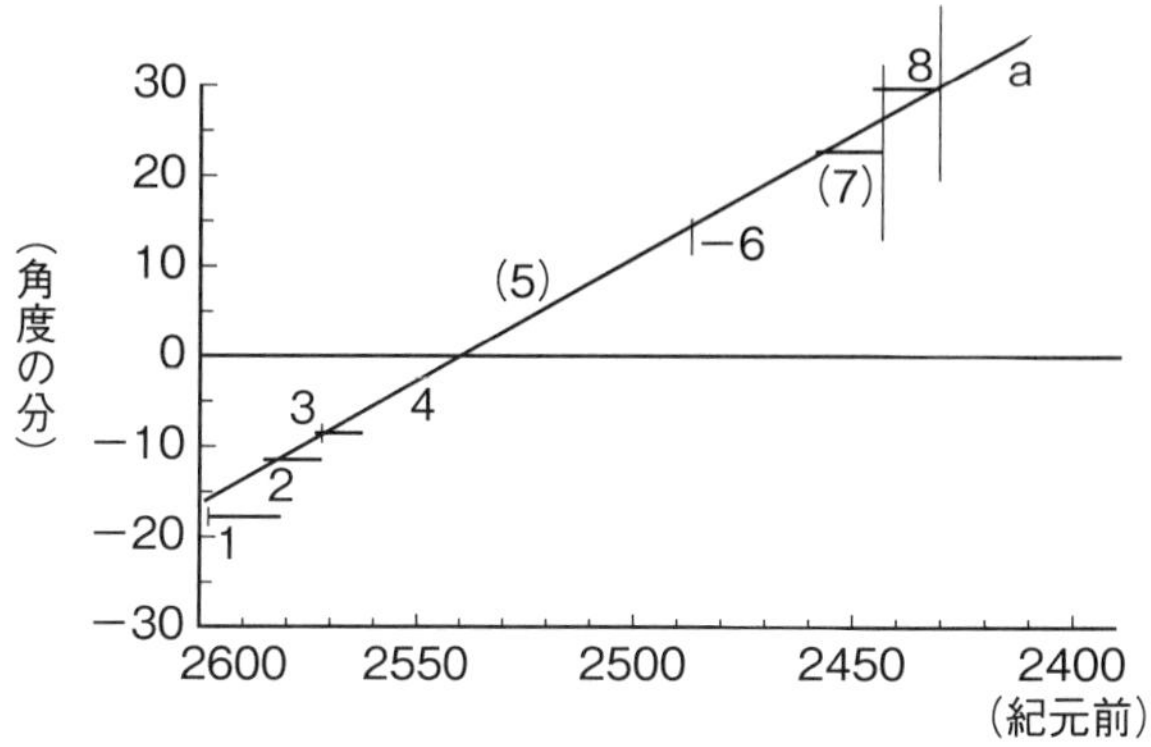

図27　Spence2000より改訂

ド、「6」はメンカウラー王のピラミッドです。

このように、歳差による天の北極の位置のずれを表した直線上に、それぞれのピラミッドの方向のずれ方が乗っていますので、まず間違いなく、エジプトの人たちは星を使ってピラミッドの東西南北を計測していたと考えられます。

このスペンス氏の論文が、2000年に科学誌『ネイチャー』に発表されたとき、「天文学から考古学へのフィードバック」という意味で、たいへん有名になりました。

考古学者が決められるピラミッドの建造年というのは、かなり幅があるものでした。しかし、どの方向を真北（天の北極）としてピラミッドの方位を決めたかがわかれば、逆に、ピラミッドを設計したときの年代がかなり正確に特定できるのです。

これがスペンス氏の説の非常に面白いところです。その点で、スペンス氏が発表した論文は、古天文学、とりわけエジプト学への天文学の寄与という意味では画期的なものでした。

北極星は何時に真北になるのか

ちなみに、現在も、北極星をつかって「北」を決めています。

しかし、現在の〝北極星〟である「こぐま座のアルファ星」の位置が天の北極と正確に一致しているわけではないので、北極星も小さくぐるぐる回っています。そのため、夜の測量を行うには「北極星が正確に真北にあること」が必要になります。

この「北極星が正確に真北（子午線上）にある時刻」を知ることができる情報も検索できます。

国立天文台には暦計算室という部屋があります。そこでは、ユーザーが住んでいる場所で北極星が何時に真北になるのか、その時刻を知ることができるインターフェースがインターネットで公開されています。
また、北極星が子午線を通過する時刻の表も発表されています。
これらのデータを使って、夜、正確な「北」の方位を計測することができます。
ただ、夜に測量を行うのは、なかなかたいへんです。
そこで、次に「太陽」を使った方位の測定法について紹介しましょう。

太陽を使って「南」を計測する

個人的な話で恐縮ですが、私が今の自宅を建てるとき、割と正確に東西南北に向いている四角い土地を手に入れることができました。そのとき、「やっぱり家は、きちんと東西南北に向いている方がいいよなぁ」と思って、自分で正確に東西南北を測量することにしました。

北極星を使って、先に紹介した方法で正確な「真北」を計測しようと、夜、現場に行きました。すると、土地の北側に林があり、北極星は全く見えませんでした。しかも、住宅街の何もない更地で夜中に何かやっていると、不審者として警察に通報されかねません。結局、夜の北極星を使うのは諦めて、昼間に太陽を使うことにしました。

太陽を使って方位を測量するには、太陽が「南中」した方向を「南」と定める方法があります。

南中とは、太陽が真南に来た状態のことを指します。

ただ、北極星が子午線を通過する時刻から真北を計測するのに比べると、精度が落ちます。なぜなら、北極星に比べると、太陽は面積が大きいので、その分、プラスマイナス2分ぐらいの誤差が生じてしまうのです。

北極星が子午線を通過する時刻と同様に、太陽が南中する時刻も、主要な都市については国立天文台の暦計算室で比較的簡単に計算できて、そのデータも公表されています。

太陽は必ず正午（12時）に南中するわけではありません。1日、1日と、日々、南中する時刻は変わります。

南中のときだけを測量すると、精度が低くなるので、太陽が東からだんだん昇って、西へと動いていくグラフを描きます。そのグラフを使って、精密に測量しました。

すると、私が手に入れた土地の南の面は真南からわずかに3度ずれていることがわかったので、家を設計する人に「土地の四角形に対して、家は3度ずらしてつくってください」とお願いしました。

つまり、私の今の自宅は、一応、ピラミッドと同じように、かなり正確に東西南北の方位を向いているわけです（笑）。

エジプトの太陽信仰とは

ここまで、エジプトのピラミッドが星をもとにしてかなり正確に東西南北に向いてつくられていることをみてきました。

次は、エジプトの暦と天体の関係について説明します。

ピラミッドが太陽信仰に基づいて建造されていることは、この章の冒頭でも触れました。このエジプトの太陽信仰に関しては、エジプトの古代人の宇宙観が「壁画」の形で残されています（図28）。

天には太陽神「ラー」がいます。この太陽神が天のナイル川を渡っていきます。壁画は、太陽が空を東から南、そして西へと動いていくさまを表しています。

図28　古代エジプトの宇宙観

やがて、ラーは天空の女神「ヌト」に飲み込まれてしまいます。それが「日没」です。ラーはヌトの口から入って、体の中を下半身の方へと移動していきます。そのとき、体内のラーの光が漏れて輝く様が「星の輝き」だと考えられました。

やがて、ヌトはラーを産み落とします。それが「日の出」です。生まれたラーは、また、空を東から西へと移動し始めます。

太陽神ラーが毎朝産み落とされることで、エジプトの1日が始まるのです。

このような太陽信仰を持つエジプト文明が、現在、私たちが使っている「太陽暦」を生み出すわけです。

2　暦はどうして生まれたのか

暦はなぜ必要か

「暦」は、「細かく読む」、または、「日を読む」「日を追って数える」のどちらかが語源だと考えられています

英語の「calender（カレンダー）」の語源は、ラテン語で「帳簿」を意味する「calendarium」です。この「calendarium」の語源は、ローマ暦の「朔日《ついたち》」、つまり、新月のときの月の呼び名です。

もともと、なぜ暦（カレンダー）が必要になったかというと、いろいろなことをやる〝時期〟を知るために必要だったからです。

貨幣経済が発達すると、お金のやりとりや返済期限などを決める必要があります。また、国や国家という体制ができると、その国の記録を残すためにも、さまざまな行事の予定を立てるためにも、暦が欠かせません。中国では、暦をつくることで、ときの皇帝

の権威や権力を示すことにもなりますし、人民の税の支払い期限にも使われました。

このように、文明が進めば進むほど、暦の必要性は高まります。

では、次に、暦の基本要素となる「日」「月」「曜日」について見てみましょう。

春分や秋分でも昼の方が長い

暦の基本要素は「日」「月」「年」で、何年何月何日という単位で表されます。この単位を生み出しているのは「天体」です。「1日」は地球の自転の周期、「1か月」は月が地球の周りを回る公転の周期、「1年」は地球が太陽の周りを回る公転の周期です。

一つ一つの要素を見てみましょう。

まず「日」は地球の自転で、見かけ上、太陽が東から西に動いて、また出てくることを「1日」と呼ぶので「日の出」と「日の入り」が基準となります。

日の出は、太陽のへりが水平線や地平線に接する瞬間を指します。一方、日の入りの時刻は、太陽のへりが水平線や地平線に接したときではなく、完全に沈んだあとの最後のへりが水平線や地平線に達する（没する）瞬間を指します。

この定義からすると、太陽が出ている「昼（日中）」と太陽が没している「夜」とでは、「昼」の時間が太陽1個分、得していることになります。

春分や秋分の日の天気予報では、アナウンサーがよく「今日は1日の昼と夜の長さが同じです」と言います。しかし、その日の新聞の暦欄を見ると、昼のほうが長いことがわかります。そのことに気がついた人は「どうしてですか？」と電話で天文台に問い合わせてくることが多いので、いつも、この「太陽一個分の得」の説明をすると、納得してもらえます。

春分や秋分でも、昼の方が長い理由は、もう一つあります。太陽だけでなく、月や星もそうですが、水平線や地平線に近くなると、その光（姿）は空気の厚いところを通ってくるので、屈折して、実際には地平線の下にある部分を浮き上がらせて見える効果があるのです。この効果は「大気差」と呼ばれますが、太陽の場合、この効果もおよそ1個分あるので、定義上、「昼」の方が長くなってしまうわけです。この「日の出、日の入りの時刻」の定義は、航空機のパイロットの試験に出たことがあるそうです。

ちなみに、この「1日」の長さは、ずっと24時間だったわけではありません。できたばかりの頃、地球は4時間の周期でくるくるとせわしなく回っていました。それがだんだん遅くなって、24時間で1回転となったのです。そして、今もなお、地球の自転の速度はだんだん遅くなり続けています。

現在、私たちは、地球の自転の速度とは無関係に、進む速さが永遠に変わらない原子時計によって時間の長さを決めています。ただ、自転の速度はわずかに遅くなっていますから、原子時計の時間とずれてしまい、数万年後には「お昼の12時になっても太陽が昇らない」などということも起きてしまいます。

そのような事態を避けるために、ときどき「閏秒《うるう》」というものを入れます。

これは「閏年」が4年に1度、2月28日と3月1日の間に「29日」という「閏日」を入れて、地球が太陽の周りを回る周期、言い換えれば、季節の巡りとのずれを調整するのと同じ仕組みです。

ただし、その増やし方は一定ではなく、地球の自転の速度の落ち方に合わせて、閏秒を毎年入れたり、何年も入れなかったりします。

曜日の起源は太陽系の惑星

暦には「曜日」の呼び方もあります。その起源は古代バビロニアにあったと考えられています。当時、太陽、月、そして、火星、水星、木星、金星、土星の五つの惑星を合わせて、七曜日を決めました。これが東洋に伝わってきて、日本でも「曜日」を使うようになりました。

では、なぜ、「日、月、火、水、木、金、土」の順番なのでしょうか。これは天動説の宇宙の概念に起因します。

まず、太陽系の惑星を地球から遠い順番に並べると、土星、木星、火星、太陽、金星、水星、月となります。この七つの惑星に1日24時間の1時間ずつに割り当てていくと、次の表のようになります（図29）。

1時間目は「土」、2時間目は「木」、次は「火」、その次は「日」、「金」、「水」、「月」となり、8時間目はまた「土」に戻り、24時間目は「火」になります。すると、次の日の1時間目は「日」、その次は「金」となり、どんどん続きます。この方法で、24時間の始まりの1時間だけを並べてみると、「土、日、月、火、水、木、金、土」となります。これが曜日の起源です。

ですから、本来は「土曜日」が週の始まりなのですが、のちに、キリスト教やユダヤ教の安息日の概念が入ってきて、太陽信仰の影響もあり、1週間は日曜日から始まるようになったようです。

「月」は月齢に因んでつくられた

暦の「月」という基本要素は、もちろん、夜空の中で最も明るく輝く地球の唯一の衛星「月」に因《ちな》んだものです。肉眼で見てその大きさがわかるだけでなく、一定の周期で形が満ち欠けします。さらに、1日ごとに、星座の中をゆっくりと動いていきます。これを暦の代わりに使わない手はありません。

昔、山を越えた遠くの村の人と農作物を交換することになったとき、「いつにしましょうか」「それでは、次の半月のときに」とか、「次に満月になる次の日、市をたてましょう」など、月の満ち欠けが日程を表す格好の材料になりました。

	1	2	3	……	22	23	24
1日目	土	木	火		土	木	火
2日目	日	金	水		日	金	水
3日目	月	土	木		月	土	木
4日目	火	日	金		火	日	金
5日目	水	月	土		水	月	土
6日目	木	火	日		木	火	日
7日目	金	水	月		金	水	月

図29　曜日の起源の表。始まりの１時間目を並べると土、日、月〜となる

実際、日本には「四日市」「八日市」「十日市」などの地名がありますが、その起源は「四日の月」「八日の月」「十日の月」など、月の暦を使って市場をたてたことに起源を持つ場合が多いのです。

月の満ち欠けは「月齢」によって表されます。たとえば今日の月齢も、新聞の暦欄を見ると掲載されています。

月齢は、朔月《さくげつ》（新月）の零《ゼロ》から始まって、望月《もちづき》（満月）を経て、また朔月（新月）に戻るおよそ29・５日で１周します。この「朔月から次の朔月」あるいは「満月から次の満月」という1周期の期間を「朔望月《さくぼうげつ》」と呼びます。

この月齢（朔望月）を使って、共通した暦として作られたのが「太陰暦」です。

3　エジプトの暦と天体の関係

月の満ち欠けをもとにした太陰暦

月の満ち欠けに基づく暦には二つのタイプがあります。

一つは、月の満ち欠けの周期、つまり、朔望月をひと月とする「純粋太陰暦」。もう一つは、季節のずれを調整した「太陰太陽暦」です。

ここでは、まず「純粋太陰暦（以下、『太陰暦』とのみ表記）」について説明します。

太陰暦は、現在も使われています。イスラム教の人々は、今でも太陽暦と太陰暦を併用しています。理由は「ラマダン」という宗教上で非常に大切な〝断食〟の行事が太陰暦によって決められているからです。

朔望月は約29・5日です。よって、ひと月が29日と30日を交互に組み合わせれば、ほぼ月齢と同じ形で日にちを進めて、「一か月＝一朔望月」で暦をつくることができます。この一か月を29日と30日の交互にすることが「大の月」「小の月」の始まりで、現在のイスラム教の社会で使われている太陰暦の「ヒジュラ暦」でも使われています。

ただし、この29日と30日を交互に12か月続けていくと、29日×6＋30日×6＝354日で、太陽暦の1年（12か月）＝地球の公転の周期＝約365日に比べると11日足りなくなります。1年で11日足りなくなるということは、3年で33日足りなくなる。つまり、1か月以上、ずれるわけです。これは、私たち日本人のように四季が明瞭な国に住んでいる人間にとっては、ちょっと我慢できません。でも、赤道近くの砂漠に住んでいる人たちにとっては、もともと季節による変化がほとんどないわけですから、どれだけずれたとしても、まったく構わないことになります。

ですから、メソポタミアからアラビアにかけて住んでいた人たちにとっては、季節によって何かするわけでもないので、月の満ち欠けだけでできた太陰暦で十分だったのです。それで、彼らは太陰暦をつくり、いまだに宗教行事に取り入れているのです。

しかし、日本人である私たちだと太陰暦では困ります。3年でひと月ずれる太陰暦では、春、夏、秋、冬がいつ来るのか、何月という決め方では定まりません。私たちのような農耕民族にとって、純粋な太陰暦は使い物にならないのです。

そこで、季節の情報が重要な地域では「年」という概念が出てくるわけです。

季節に合わせた太陰太陽暦

暦の基本要素の「年」は、地球が太陽の周りを公転する周期で、365・24日です。太陽暦のように1年を365日とすれば、毎年、同じ月に同じ季節が訪れることになります。季節変化のある場所で農耕民族が暮らしている中国や日本では、暦と季節の一致は非常に重要と言えます。

エジプトはご存じのように砂漠地帯ですが、実は、エジプトにとっても季節の変化は重要な意味を持っていました。

エジプト文明を支えたのは「小麦」でしたが、ナイル川の氾濫が起こりやすい季節がありました。そのタイミング（季節）を暦でしっかりと予測して、前もって準備しておくことが、エジプトの人たちにとっては非常に重要だったのです。

そこで、暦と季節のタイミングが合うように、ずいぶん工夫しました。その暦は「太陰太陽暦」と呼ばれています。

江戸時代に使われていた暦も、この「太陰太陽暦」です。

たとえば、太陰太陽暦の「天保暦」は、天保15（1844）年に寛政暦から変わり、およそ29年間使われていました。

天保暦の基本は月の満ち欠けに沿った太陰暦ですので、そのままでは3年で1か月ずれてしまいます。そこで、19年に7回、「閏月」を入れます。たとえば、通常は1月、2月、3月、4月、5月……と続き、12月までの12か月で1年ですが、19年に7回の割合で、1年が、1月、2月、3月、4月、閏4月、5月……と、1年が13か月になるわけです。

これで季節と暦を合わせていたのですが、ただ、この閏月を入れる方法が非常に複雑で、さらに、1か月単位の閏月で一気に季節と合わせるので、途中では細かい誤差がどうしても生まれてしまうのです。

たとえば桜の咲く時期が1、2週間ずれるのはいいですが、1か月近くずれてしまうとやっぱり不便だということで、明治6（1873）年、グレゴリオ暦（太陽暦）に改暦されました。

なぜエジプトで太陽暦が生まれたのか

「太陽暦」が太陽信仰を持つエジプト文明によって生み出されたことは、先にも触れました。それは、どのようなプロセスだったのでしょうか。

エジプトは砂漠でしたが、小麦が大量に穫《と》れたことで、国全体が豊かになり、文明が発達しました。

農業の根本は「水」であり、その供給源はナイル川でした。雨季になると、ナイル川の上流に雨が降り、栄養分の豊富な土壌を流してきて、エジプトの近辺に堆積させます。そこに種籾《たねもみ》を播《ま》くと、収穫量が非常に増えます。しかし、種籾を播くタイミングを間違えると、増水あるいは氾濫したナイル川に流されてしまうので、小麦がまったく収穫できなくなってしまいます。そのため、1年の間で、ナイル川の増水や氾濫がいつ起こるのか、知る必要がありました。

しかし、エジプトは砂漠ですので、日本や中国のように豊かな四季の移ろいなどはなく、1年中、よく似た感じで過ぎていくので、ナイル川の上流にいつ雨季がやってきて、ナイル川が増水や氾濫するのか、気温のちがいや自然の変化で知ることはできませんでした。

そこで、エジプト人たちは、季節を知る目安として、星を使いました。なかでも注目したのが、おおいぬ座の「シリウス」です。シリウスは太陽を除いて地球上から見える最も明るい恒星で、よく目立ちます。このシリウスが、日の出の直前に東の地平線に現れて、まるで太陽を伴って昇ってくるように見える日があります。この現象を「シリウスのヘリアカルライジング」と呼びます。古代エジプトでは、このシリウスのヘリアカルライジングが起こる日前後に、ナイル川の増水や氾濫が始まりました。だからこそ、シリウスのヘリアカルライジングがいつ頃やって来るのか、前もって予測することが非常に大切でした。

太陽は、星空（赤道座標）の上を1年かけて1周して、また、もとの位置に戻ります。ですから、赤道座標上で太陽より少しだけ西の位置にシリウスが来る日、つまり、シリウスのヘリアカルライジングも、ちょうど1年に1度、めぐってきます。言い換えれば、このシリウスのヘリアカルライジングを基準にすれば、1年の長さが正確にわかるのです。

ところが、実際には365・24日で、毎年「0・24日」分だけずれることになります。このずれは、1日のほぼ4分の1に当たりますので、彼らは、4年に1度、閏年として、1年を1日増やして366日にするようになったのです。

360日に5日が加わった神話

もともと古代エジプトのひと月は30日で、1年（12か月）は360日でした。しかし、エジプト人は、シリウスのヘリアカルライジングによって、1年が365日であることに気づいたのです。

エジプトには、このことを象徴したと考えられる神話も残されています。

大地の男神ゲブと天空の女神ヌトは、嫉妬深い太陽神ラーによって「1年360日のいずれの日にも子供を産むな」と命令されます。そんなヌトをかわいそうに思った知恵の神「トト」は、月の神とチェスをして、勝利して得た月の光（時間の支配権）の一部を手に入れました。これは5日分の時間に相当していたので、それを1年の最後に付け加えて、1年を365日にしました。

この「ラーの支配の及ばない追加の5日間」のうちに、ヌトはオシリス、イシス、セト、ネフティス、大ホルスを誕生させたのです。

さて、最初にエジプトで生まれた太陽暦は、その後、古代ローマでも採用されました。ローマを建国した人物の名前のつけられた「ロムルス暦」は、第1月の「Martius（現在のMarch＝3月）」から始まって、第2月「Aprilis（現在のApril＝4月）」、第3月「Marius（現在のMay＝5月）」と続き、第10月「December（現在のDecember＝12月）」のあと、ふた月は空白でした。理由は、暦が必要なのは農作業の目安にするためなので、冬籠りして農作業をしない1月と2月は暦が必要なかったからでした。

この空白の約60日間が過ぎて、ある日、国王が「今日を元旦にしましょう！」と宣言すると、また〝3月〟から1年が始まったのです。

第11月の「Januarius（現在のJanuary＝1月）」と第12月「Februarius（現在のFebruary＝2月）」が加えられたのは、のちの「ヌマ暦」からでした。

ヌマ暦は太陰暦だったので、1年の日数は355日でした。また、偶数が忌み嫌われていたので、ひと月は8回の「29日」と4回の「31日」で割り振られたのですが、1年を３５５日にするためには、どこかひと月の「29日」を「28日」にしなければなりませんでした。そこで、この頃の年末である「Februarius（２月）」が28日になったのです。

しかし、１年が３５５日では、地球の公転で考える１年３６５日には10日たりません。そこで、２年に１回、22日か23日の閏月を増やすことで調整していましたが、その閏月の挿入がうまくいかず、混乱を招いてしまいます。

もっと正確にやりましょうということで導入されたのが「ユリウス暦」です。

ユリウス暦とグレゴリオ暦

ユリウス暦は、紀元前45年、ローマの英雄「ユリウス・カエサル」（英語名「ジュリアス・シーザー」）によって導入された太陽暦です。

改暦の前年の紀元前46年を４４５日にして、リセットして、通常は３６５日、４年に１度、３６６日の閏年を挿入することにしました。これで、１年の平均の長さは３６５・２５日となりました。

しかし、このユリウス暦をつかっても、３６５・２５日と、実際の地球の公転周期の

365・2422日とでは、0・0078日のずれがあります。もし1000年経てば、7・8日、つまり一週間くらい違ってきます。

これはまずいということで、1582年2月24日、ローマ教皇グレゴリオ13世によって「グレゴリオ暦」という太陽暦が導入されました。

このとき、ユリウス暦で入れ過ぎた閏年の分を調整するために、同年10月4日木曜日の翌日を同年10月15日金曜日として日付を飛ばしました。

日本では、西暦が4で割り切れる年を閏年にします。ただし、この0・0078日のずれを修正するために、100で割り切れて400で割り切れない年は平年とします。つまり、400年で3回、閏年をなくすわけです。

ですから、1700年も1800年も1900年も4では割り切れますが100でも割り切れるので平年です。しかし、2000年はさらに400でも割り切れるので閏年になりました。これは「400年に1度の閏年」とも言えるので、私たちは本当に特別な閏年を経験したことになるのです。

3000年で1日ずれる

しかし、ここまで調整しても、まだ、ずれます。

4年に1度の閏年は400年間に100回あります。そのうちの3回はなくすのですから、実際には400年間で97日分だけ増やされます。これを1年分に換算すると「97÷400＝0・2425」ですから、1年は365・2425日となります。つまり、365・2422とは「0・0003日」ずれるわけです。3000年経ったら1日ずれる計算になります。

「じゃあ、このずれは、どうするんだ？」という細かいことをいろいろ提案する天文学者がいて、この差を直す方法を何人かの人が考えていますが、大方の人は「まあ、それは3000年先に考えりゃいいんじゃないか」と思っています（笑）。

このようなルールの類は「国際天文学連合」という天文学者の国連で決めるのですが、きちんとした提案はまだされていません。

このままいくと3000年で1日のずれが出てしまう……まあ、1日ぐらいなら、許してもいいいんじゃないかと思うのですが。

第三章　暦とマヤ文明

1　ピラミッドが暦をあらわしている

マヤ文明とは

マヤ文明（図30）は、アメリカ大陸で最も発達した文明です。天文学者の間では「金星に注目した暦」を持つ唯一の文明として知られています。

メキシコおよび中央アメリカ北西部の地域では、紀元前２０００年頃から「文明」と呼ぶに値する「集団で暮らす都市国家システム」ができていたと言われています。この文明を「メソアメリカ文明」（図31）と呼びます。

その中で、現在のメキシコとグアテマラの一部にあたるユカタン半島の全域、現在のホンジュラスやエルサルバドルの主に熱帯雨林地域で紀元前１８００年頃に栄えていた高度な文明が「マヤ文明」です。

ちなみに、このあたりには直径およそ100キロの「チュクシュルーブ・クレーター」があります。約6500万年前、巨大な隕石が落ちてできたクレーターで、その天体衝突が恐竜の絶滅の引き金を引いた可能性が非常に高いと考えられています。

そのクレーターのへりにあたる部分にあるティカルやチチェン・イッツァなどといった街にも、マヤ文明の有名な遺跡群が散在しています。

マヤ文明の特徴は、暖かいのでさまざまな作物が穫《と》れることです。トウモロコシを主として、ワタ、豆、カボチャ、マニオク（キャッサバ）、カカオなども栽培され、それらによって農業経済が発達し、文明の力になりました。

また、高度な染色技術や織物技術、土器芸術などもあり、カカオ豆と銅の鈴が貨幣の代わりでした。

石器、土器までしかなく、いわゆる鉄文明にはなっていませんでしたが、非常に高度に進歩した建築技術を持っており、素晴らしい都市遺跡がいくつもあり、銅、金、銀、ヒスイ、貝や鳥の羽根など、多様な装身具・装飾も残されています。

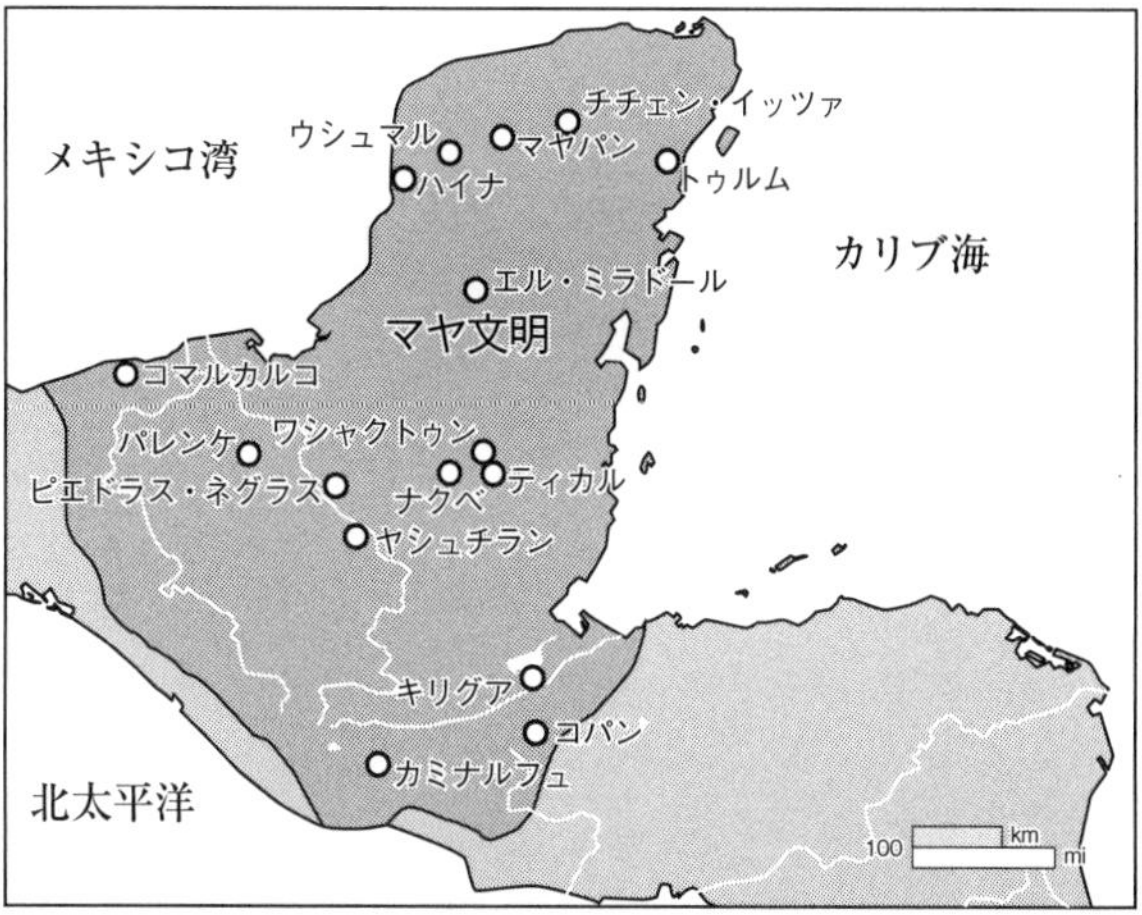

図30　ユカタン半島の拡大地図

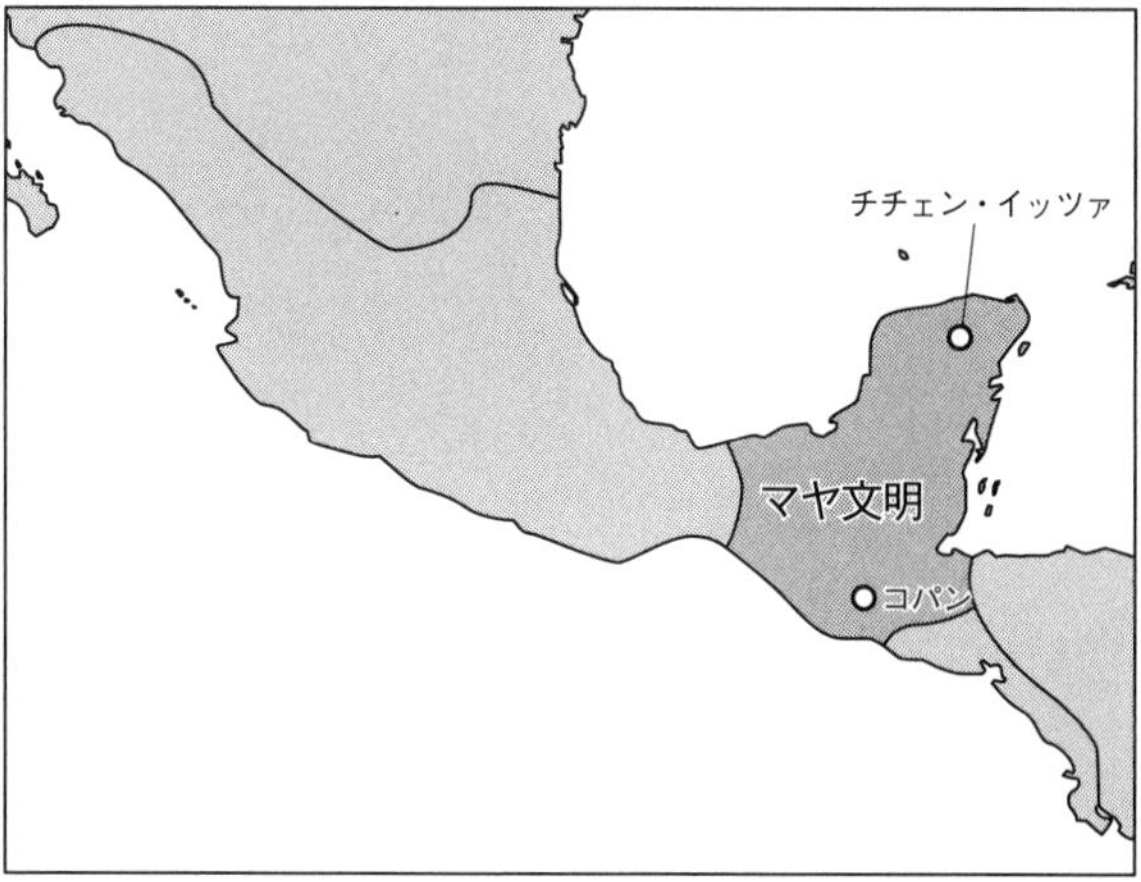

図31　メソアメリカ文明におけるマヤ文明地域

マヤ文明の歴史　先古典期

マヤ文明の歴史は、歴史学者によって、大きく三つの時期に分類されています。紀元前2000年から紀元後250年にかけての「先古典期」、250年から950年の「古典期」、950年から16世紀半ばまでの「後古典期」です。

最初の先古典期には、ラマナイ、ワシャクトゥン、エル・ミラドール、ナクベなど、いくつかの都市が建設され、人口が集中し、ピラミッドが建造されました（図32）。

エジプトのピラミッドは権力者のお墓でしたが、マヤ文明のピラミッドにはさまざまな装飾が施され、人が登れる階段が設けられたものが多いので、権威を象徴すると同時に、権力者がピラミッドの上で祈りを捧げたり、宣言するなど、祭祀《さいし》や政治に利用されていたと考えられています。

また、エジプトのピラミッドとは違い、あまり内部構造はありません。

メキシコのカンペチェ州にある大都市「カラクムル」は、先古典期後期から古典期にかけて繁栄しました。

図32　ラマナイのピラミッド　iStock.com/andyjkramer

その遺跡の神殿は森に囲まれています。

この「カラクムル」（図33）や後に紹介する「ティカル」（図34）のように、熱帯雨林の中に建造された遺跡は、何百年も経つと周囲や内部に鬱蒼《うっそう》と木が生えて、離れた場所から見てもよくわからなくなってしまうので、調査が非常に難しくなります。ですから、東南アジアでは今でも、森に埋もれていた古い遺跡が人工衛星によって発見されたりします。

マヤ文明の歴史　古典期

日本では古墳時代から平安時代に当たる「古典期」（ＡＤ２５０─９５０）に入ると、「ティカル」や「コパン」など、私たちにとってもなじみのある大都市が建設されます。

その構造物は非常に巨大です。エジプトと同じく、都市国家が大きくなり、ティカルやカラクムルなどの大都市国家の君主が、群小都市国家を従える「優越王」としての覇権争いのため、権威の象徴となるピラミッド神殿を建てたと考えられています。

エジプトとは違い、ピラミッドの勾配は相当急で、人が歩けるように必ず階段がついています。また、王朝の歴史を表す石碑に絵文字が刻まれています。

古典期の前期を代表する都市の一つが、神殿都市「ティカル」です。

グアテマラのペテンと呼ばれる地域の低い場所の北部にあり、マヤ古典期の最大の遺跡として有名です。

もう一つ、古典期の前期に栄えた都市として有名なのが、ホンジュラスの西部に遺跡が残る「コパン」です。ギリシャ文明ではアテネが文化の中心でしたが、マヤ文明ではコパンが中心地だったといわれています。

この遺跡には「神聖文字」と呼ばれる絵文字の書かれた階段（図35）があります。

62段の階段として積み上げられている2000個余のブロックにマヤ文字が刻み込ま

図33　カラクルム遺跡の神殿　iStock.com/prill

図34　ティカル2号神殿　iStock.com/SimonDannhauer

れています。

また、祭壇の四つの側面にあるレリーフ（図36）も有名です。

1枚に4人、合計16人の人物が描かれていますが、その神聖文字から、西暦766年に16人の神官が集まったところが描かれているのではないかとも言われています。

チチェン・イッツァ

マヤ文明の絶頂期は、紀元後600年から同950年の古典期の後期だといわれています。この頃、ユカタン半島の北部で「チチェン・イッツァ」を中心とする文明が栄えました。

チチェン・イッツァは、マヤ古典期の後期から13世紀末まで栄えた非常に大きな都市です。面積約6㎢にわたって、階段状の基壇ピラミッド様式の建造物や芸術的な石像、碑文、色あざやかな絵などが多数残されています（図37）。

一大宗教センターといえる都市の中心にあるのが「ククルカンのピラミッド」（図38）で、ほかにも、寺院や、これを守る人たちが住んでいたとおぼしき建物もありました。

図35　マヤ文明のアテネとされるコパンの遺跡　iStock.com/Franck38

図36　コパン祭壇のレリーフ　iStock.com/Marcpo

暦のピラミッド

チチェン・イッツァで最も有名な遺跡として、先にも紹介したククルカンのピラミッドがあります。

正方形の基底部は1辺55・3m、高さ24mのピラミッドで、頂上には高さ6mの神殿があります。

ピラミッドの各面には、それぞれ91段の階段があり、合計すると364段で、最上段の神殿を1段と数えると、全部で1年の日数と合致する365段になります。

さらに、ピラミッド自体は9段の階層からなり、それが階段で二つに分断されているので、1面の階層の合計は18段となります。これは、マヤ暦の1年に相当する18月と一致します。

このように、それぞれの数が暦と密接に関係していることから、ククルカンのピラミッドは「暦のピラミッド」とも呼ばれています。

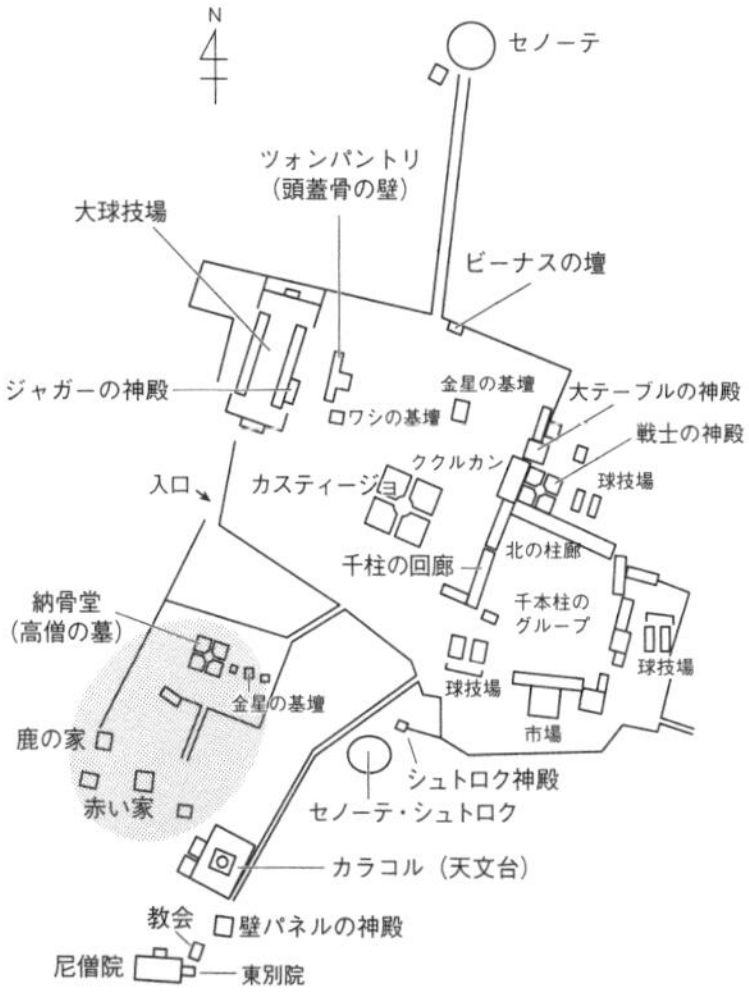

図37　チチェン・イッツァの遺跡群

図38　チチェン・イッツァのピラミッド　iStock.com/diegograndi

春分にうねる蛇

このピラミッドが有名な理由は、もう一つあります。

マヤでは、羽毛のあるヘビ「ククルカン」が最高神として崇《あが》められています。ククルカンのピラミッドは、その名の通り、この〝ヘビの神様〟を祀《まつ》っており、ピラミッドの北面の階段の両端の地上部分には、左右ともに大きなヘビの頭を象《かたど》った彫刻が配置されています（図39）。

階段の傾斜は階層の傾斜よりもゆるくなっているため、地上部分では突き出しており、上に昇るほど9段の階層に近づき、神殿のある最上部で一致するので、横から見ると、階段の両脇が細長い三角形の形にはみ出ています。

このピラミッドの向きは東西南北から少し傾いているため、春分と秋分の日の入りの時間帯には、北面の階段脇の細長い三角形の部分に9段の階層の角の部分の影が映ります。

このとき、一番下のヘビの頭の彫刻と合わせて見ると、まるで巨大なヘビが胴体をく

図39　チチェン・イッツァのピラミッドの階段には蛇の頭を象った彫刻　iStock.com/gvictoria

ねらせて地上に降り立つように見えるため、この現象は「クルルカンの降臨」と呼ばれて、マヤの人々の信仰の対象となっていました。

そのため、春分、秋分の日には、この現象をひと目見ようと、世界中から観光客が集まります。

チチェン・イッツァの天文台と球技場

チチェン・イッツァの中で、天文に非常に密接に関係があるのではないかと言われているのが、通称「天文台」と呼ばれている建造物「El Caracol（エルカラコ＝カタツムリの意味）」（図40）です。

高さはおよそ13mで、建造物の中心部には螺旋《らせん》階段があり、ドーム部の最上部にまで上れるようになっています。

ドーム部には縦長の窓があります。

ドームの中心部に立つと、西側の窓からは、春分、秋分の日没が見えます。

さらに、もう一つの窓は「最北端に沈む月没の方角に向けてつくられている」と主張する研究者もいます。

第一章でも解説しましたが、月は白道にそって天球上を動きます。地平線に対して23・4度傾いている「黄道（天球上の太陽の通り道）」に対して、白道はプラス・マイナス5度、傾いていますから、マイナースタンドスティルのときは、白道は天の赤道に対して18・4度からマイナス18・4度の傾きしかありません。しかし、メジャースタンドスティルのときは、28・4度からマイナス28・4度までの傾きとなります。

メジャースタンドスティルのときにだけ月は最も北の位置に沈むので、当時のマヤの人たちは18・6年周期のメジャースタンドスティルを理解していたのではないか。よって、この窓は天体観測用の照準線ではないかという説ですが、真偽のほどは明らかではありません。

図40　エルカラコの天文台　iStock.com/demerzel21

チチェン・イッツァには球技場のようなものがあり、そこで神聖な儀礼として、球技が行われていました。

この球技は、ボールを的に当ててくぐらせるもので、そのボールが天と地を行き来する太陽と金星を表しているのではないか、と考えられています。

この競技で負けた人は生贄《いけにえ》にされたともいわれているので、球技に生死を懸けていたのかと思うと、あまりいい気持ちはしません。

マヤ文明の衰退

後古典期の前期を代表する遺跡「ウシュ

マル」には「魔法使いのピラミッド」（図41）があります。

ここは尼僧のいた僧院で、建築学的にも非常に斬新な曲線的デザインで、古い時代のマヤ文明のピラミッドとはずいぶん印象が違います。

マヤ文明は、この後古典期のあたりから衰退していくことになります。

どの文明もそうですが、なぜ衰退していったのか、その理由は謎です。イースター島のようなロケーションだと、木をどんどん伐採して資源がなくなり、農作物の収穫も減って……など、ある程度まで想像できます。しかし、マヤ文明の場合は、この時期、少し寒くなったとはいえ、もともと暖かい地域なので農作物はできるはずですから、急に衰退する理由がわからないのです。

近年の調査の結果、マヤ文明の衰退の原因がいくつか判明しています。

まず、この時期の人骨に栄養失調の傾向がみられること。人口が増え過ぎて、食糧の供給が追いつかなくなったのではないか。焼畑農業や漆喰《しっくい》の確保のために過剰な森林伐採を続け、環境が変化して食糧不足になったのではないか。同時に、疫病が流行《はや》ったり、あるいは、支配階級の権威失墜による政治の混乱が起こったり、少なくなった資源を争

図41　魔法使いのピラミッド　iStock.com/Oralleff

奪するための戦争が起こるなどの理由から、マヤ文明は衰退したのではないかなどと考えられています。

そして、後古典期の後期、16世紀になると、スペイン人の侵略が始まり、その時点から完全に純粋なマヤ文明は終わりを告げます。

2　天体観測をしていた！

マヤ文明の特徴　宇宙観と数字

では、ここで、マヤ文明の宇宙観（図42）についてみてみましょう。

マヤ文明の人たちが考えた宇宙は、天を13階層、地上を9階層に見立てて、大地は四つの神

図42　マヤの宇宙観を示す神殿の浅彫

で支えられています。

数字も特殊で、二十進法になっています（図43）。十進法の倍ですから、ある程度、合理的ではあります。

「0」を表す記号は特徴的ですが、1からあとは単純な点と線で表されます。

1から4までは点の数で表され、5になると横棒になり、6から先はその上に点を加えます。10は5の横棒が2本です。11からは、この2本の横棒の上に点が加えられ、15

は横棒が3本、16からはその上に点が増え、そして、20は「0」を表す記号の上に点が一つです。

この20の上の点は1つで20を表していますので、30は横棒2本（10）の上に点が一つです。そして、40は「0」を表す記号の上に点が二つです。

このように、数が20増えるごとに特徴的な「0」が出てきて数字表記が単純化されるので、二十進法と考えられているわけです。

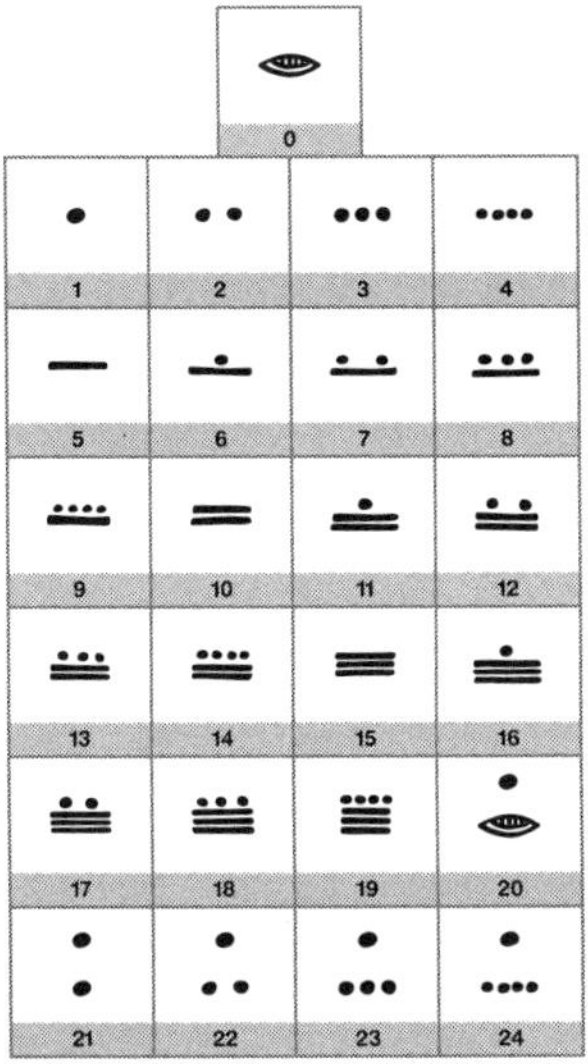

図43　マヤの数字。二十進法

太陽暦と優秀な天体観測技術

マヤ文明の暦は非常に優れていました。

暦は三つあります。

1周期が地球の公転周期と同じ365日の「ハアブ」と呼ばれる「太陽暦」。1周期が260日の「ツォルキン」と呼ばれる「儀礼暦」。そして、紀元前3114年の基準日からの経過日数で表す「長期暦」です。

太陽暦（ハアブ）については、エジプトのピラミッドのところでも解説しましたが、1か月が20日、1年が18か月なので、20×18＝360で、それに5日を足して、1年を365日とします。

日にちの数え方としては、各月は0《ゼロ》から開始します。先ほど紹介した二十進法は、このひと月の日数「20」が基本になっていると思われます。地球の公転周期は、正確には365・2422日ですから、1年ごとに0・2422日ずつずれてきます。その誤差は適宜、調整されていたようです。

この誤差の調整に四苦八苦していたエジプトに対して、なぜ、高度な文明を持つマヤの人たちは「適宜調整」などという悠長な方法ですませていたのでしょうか。

エジプトでは、小麦や作物に甚大な被害を与えるナイル川の氾濫を精密に予測することが何より大切であったため、正確な暦が必要不可欠でした。しかし、マヤ文明が栄えた場所は熱帯雨林で、雨季と乾季の予測の必要性が多少あっても、作物を植える時期に関して非常に精度の高い暦が必要かというと、そうではなかったと思われます。

ですから、エジプトのように細かな誤差の調整を必要としていなかったのではないかと推測されます。

太陽暦と儀礼暦のカレンダーラウンド

儀礼暦の1周期は、260日とされています。マヤ文明では「20」と「13」が神聖な数字であることは、すでに紹介しました。そこで、儀礼暦では、この20日周期と13日周期がそれぞれ独立に変動していき、260日を数えていたようです。

マヤ文明では、365日暦の太陽暦と260日暦の儀礼歴（ツォルキン）が独立でカウントされ、二つの組み合わせで日付を表していました。

ちなみに、365と260の最小公倍数は18980ですから、18980日（太陽暦で約52年）でひとめぐりして、また1年の始まりの日が一致します。これを「カレンダーラウンド（Calendar Round）」と呼びます。

マヤ文明ではもう一つ、暦のようにその周期が意識されている天体がありました。金星です。

この金星が太陽と地球と一直線に並ぶ周期「会合周期」をマヤの人たちが理解していたのではないかという話があるのです。

金星の光でも影ができる

「地球と金星の会合周期」の話を始める前に、なぜ、マヤの人たちは金星に注目したのかについて、少し考えてみましょう。

実は、その理由は、まだはっきりとはわかっていません。

ただ、天文学から言えることは、金星は、夜空でとても目立つ存在であることです。

昔から「明けの明星」「宵の明星」と言いますが、いわゆる一番星は大抵「宵の明星」の金星です。金星はいわゆる内惑星なので、地球から見ると、太陽から大きく離れることはないため、真夜中に見えることはありません。

また、金星は、その輝きが明るい。月を除くと最も明るい天体です。恒星の中で一番明るいシリウスでもマイナス1・4等ぐらいですから、金星のマイナス4等は非常に明るい。みなさん、驚かれるかもしれませんが、金星の光で影ができるほどです。

たとえば、街灯のない真っ暗な河原に行って、明けの明星が出てきた直後、朝焼けが始まる前の、いわゆる〝天文薄明〟の頃に、白い紙を持っていって、手を紙の前にかざしてみてください。金星の明るさで白い紙の上に手の影ができているのがわかります。私は何回かやったことがあるのですが、本当に影ができますので、みなさんも、暗いところに行って試してみてください。

話はそれますが、一般的に「影ができる天体」は三つあると言われています。

太陽、月、金星です。

しかし、1996年1月に「百武彗星《ひゃくたけすいせい》」を発見したアマチュア天文家の故・百武裕司《ゆうじ》さんに教えてもらったのですが、もう一つ、影ができる天体があります。

天の川です。

百武さんに「オーストラリアでは天の川で影ができる」という話を伺って、次の日、私は国立天文台で天の川の輝度分布図を出して、積分してみたら、マイナス3等になりました。「これほど明るいのなら、もしかすると、影ができるかもしれない」と思った私は、2004年、プライベートでオーストラリアに行った際に、ちょうど新月で、天の川の中心の一番明るいところが真上に来たとき、白い紙を置いて手をかざしてみたら、見事にぼやっとした手の影が白い紙に映りました。天の川でも影ができるのです。

日本では、天の川の一番明るいところが南の空の低い位置にあるので、オーストラリアほどではありませんが、機会があったらぜひ、一度、やってみてください。天の川も本当に明るいので、その光で影ができたら、きっと感動するでしょう。

地球と金星の会合周期

話を「地球と金星の会合周期」(図44)に戻しましょう。

「会合周期」の「会合」とは、中心となる天体を回る二つの天体が、その中心の天体から見て同じ方向に来る現象です。

中心となる天体を「太陽」、その周りで回っている二つの天体を「地球」と「金星」で考えると、太陽と金星と地球がほぼ一直線になる現象のことです。

太陽の周りを回る地球と金星の場合、金星より遠い公転軌道で回る地球が1周するのにかかる日数は365・24日、地球より内側の公転軌道で回る金星は224・70日です。つまり、金星の方が地球より速く回っています。よって、金星は地球に追いつき、追い越し、また追いつき、追い越すことを繰り返しているのです。

このとき、金星が地球と太陽の間に来てほぼ一直線上に並んだ状態を「内合」、金星が太陽を挟んで地球と反対側でほぼ一直線上に並んだ状態を「外合」と呼びます。

この「内合から内合」あるいは「外合から外合」までの周期を「会合周期」と呼びます。

金星の会合周期は584日で、内合付近で金星が太陽の光で見えない期間が約8日、同じく外合付近では見えない期間が約56日ですので、残りの明けの明星が見える期間が約260日、宵の明星の見える期間も約260日ということで、ここから儀礼暦の260日周期が定められたという説もあります。

もう一つ、マヤ文明の人たちが金星の会合周期を理解していたと推測される話があります。

ドレスデン絵文書と呼ばれるマヤ文明の古文書の46ページから50ページまでは、金星について書かれています。その各ページの左下には「236」「90」「250」「8」という数字があり、合計は「584」です。

これらの数字がそれぞれ「明けの明星が見られる期間（236日）」「外合付近で金星が見えない期間（90日）」「宵の明星が見られる期間（250日）」「内合付近で金星が見えない期間（8日）」そして「金星の会合周期（584日）」を表していると考えられているのです。

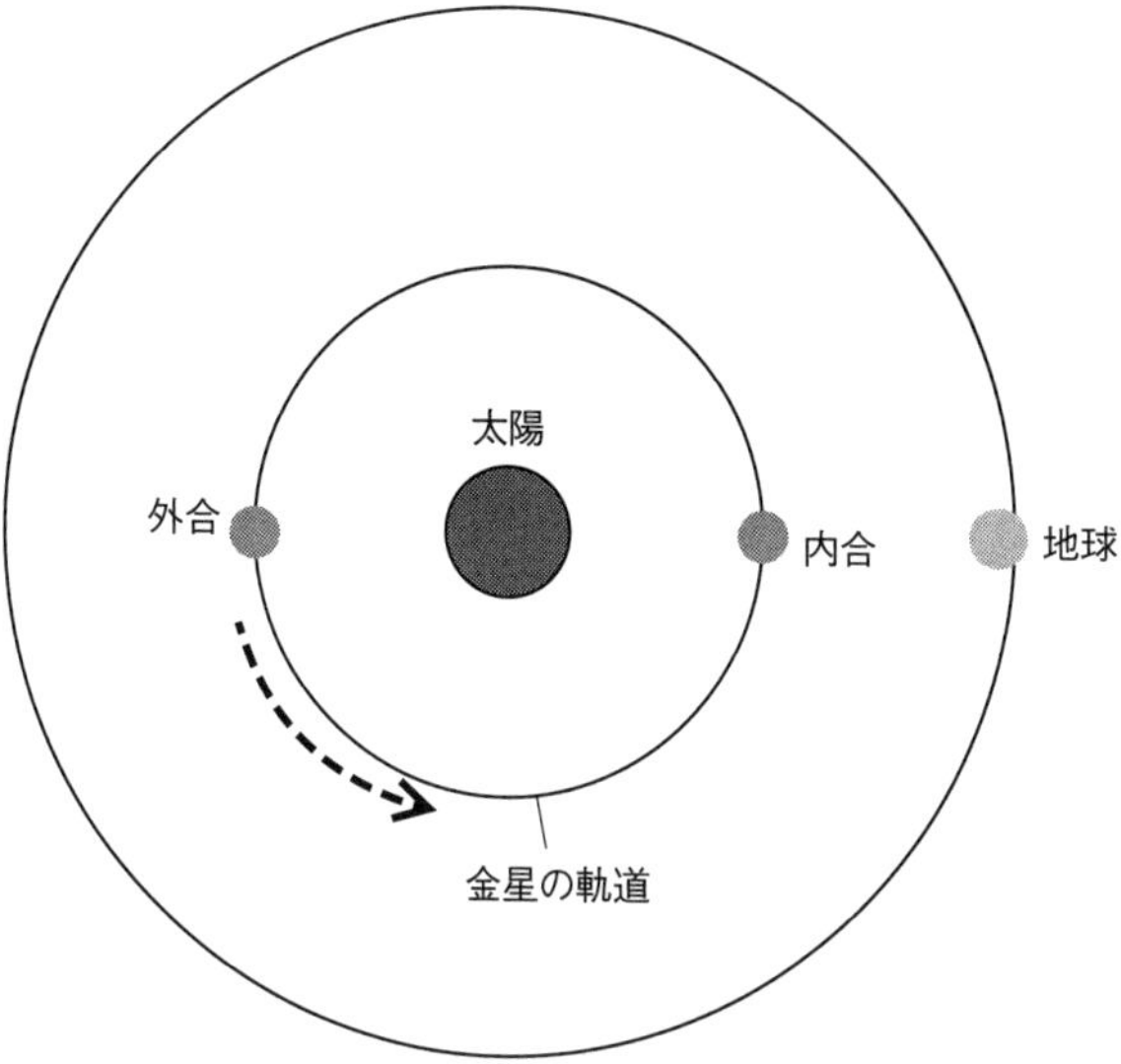

図44　金星の内合と外合

太陽暦と儀礼暦と金星

52年で太陽暦と儀礼暦がひとめぐりする「カレンダーラウンド」についてはすでに説明しましたが、この金星の会合周期も合わせたカレンダーラウンドについても、考えてみましょう。

太陽暦が104年経つと「365日×104年＝37960日」です。

儀礼暦が146年経つと「260日×146年＝37960日」です。

金星の会合周期が65サイクルすると「584日×65サイクル＝37960日」です。

このように、太陽暦、儀礼暦、金星の会合周期がすべて37960日（太陽暦104年）で1年の始まりの日が一致する「カレンダーラウンド」になるのです。

よって、マヤ文明では、この「37960日（太陽暦104年）」の周期が重要な意味を持つと考えられています。

長期暦

三つめの暦である「長期暦」は、紀元前3114年8月11日を基準にして、そこからの経過日数で表す暦です。

日数の単位は「キン」「ウィナル」「トゥン」「カトゥン」「バクトゥン」と上がっていきます。

1キン＝1日。1ウィナル＝20キン（20日）。1トゥン＝18ウィナル（３６０日）。1カトゥン＝20トゥン（７２００日）。1バクトゥン＝20カトゥン（14万４０００日）です。

そして、13バクトゥン＝１８７万２０００日＝約５１２５年となり、この13バクトゥンが過ぎたとき、長期暦がいったんリセットされます。

この長期暦が遺跡に残っている場合も多いので、遺跡の年代を特定する資料になっているそうです。

この章では、主にマヤの暦について解説しましたが、マヤ文明そのものが非常に面白いので、興味のある方は、ぜひ、いろいろと調べてみてください。

第四章　広大な海とポリネシア

1　海を渡るために発展したポリネシアの天文学

オセアニアの三つの地域

ポリネシアの天文学は、広大な海を渡るために必要な知識として発展しました。

ポリネシアと聞くと、何となく「南太平洋のことかな」と思っている人が多いようですが、ひと口に「南太平洋」と言っても、かなり広い領域を指しています。

ポリネシアは、六大州の一つである「オセアニア」に属しています。

ちなみに、ほかの五つの大州は、ユーラシア大陸の一部であるアジア大陸とその周辺からなる「アジア州」、ユーラシア大陸の一部であるヨーロッパ大陸とその周辺の「ヨーロッパ州」、アフリカ大陸とその周辺の「アフリカ州」、北アメリカ大陸とその周辺を合わせた「北アメリカ州」、南アメリカ大陸とその周辺の「南アメリカ州」です。

オセアニアは、オーストラリア大陸と南北太平洋の海域に点在する島々で、アジア大陸南東部の属島と南北アメリカの属島は除きます。なお、ニューギニア島は、西半分のインドネシア領パプアを含めてオセアニア（図45）に属します。

オセアニアは、ポリネシア、ミクロネシア、メラネシアの三つの地域に分かれます。ポリネシアは、ハワイ、ニュージーランド、イースター島を頂点とする三角形の地域の内側の領域です。その西側にある島々のうち、赤道から南側がメラネシア、ほぼ北側がミクロネシアです。

メラネシアとミクロネシア

「メラネシア」の語源は、日焼けなどの話題で耳にしたこともあると思いますが、「メラニン」という色素の名前と関連しています。「メラニン」はギリシャ語で「黒い」という意味で、メラネシアは、住民の肌の色が黒いことから「黒い島々」という意味です。

メラネシアは赤道以南、ニューギニア島から東、ほぼ日付変更線の西の範囲で、ニュ

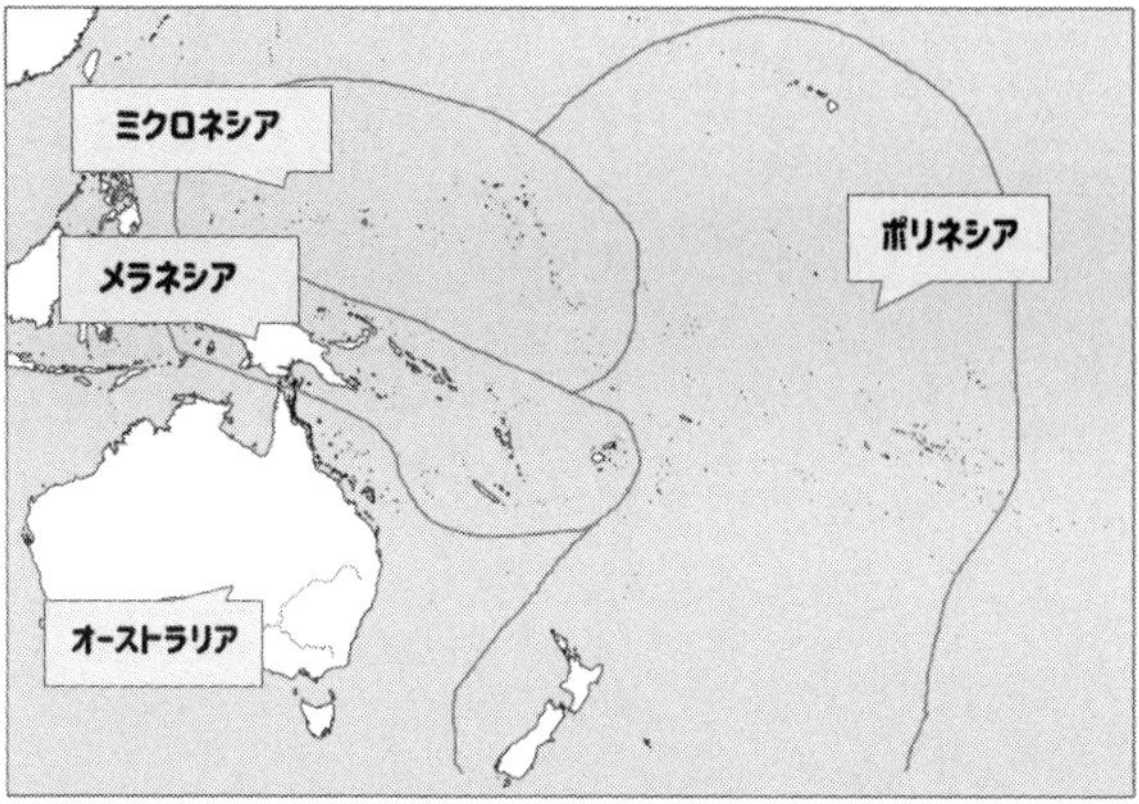

図45　オセアニア地図（「社スタ」中学地理より）

ーギニア島のほか、その北東のビスマーク諸島などのパプアニューギニア領の島々、ソロモン諸島、バヌアツ、フィジーの各国とニューカレドニア島（フランス海外領）が属しています。

このメラネシアの北、ポリネシアの西で、赤道よりほぼ以北の領域がミクロネシアです。「ミクロネシア」の「ミクロ」は「小さい」という意味で、ミクロネシアは「小さな島々」という意味です。

ミクロネシアには、赤道を挟んで広がる海域のキリバス（ライン諸島をのぞく）、ナウル、アメリカと自由連合のマーシャル諸島、ミクロネシア連邦、パラオ、アメリカの自治領北マリアナ諸島、アメリカ領グアムが属しています。

　非常に広い海に島々が点在している領域ですので、そういう場所では、大昔、人々が新天地を求めて島から島へと渡っていきました。その際、近くて目視できる島への渡航は、その島自体を目標にすればよいのですが、中にはスタート地点から全く見えていない目的地の島もあるわけです。

　その場合、目印となるものがない大海原を移動するために、何が使えるかというと、夜空の星になるわけです。

　つまり、星が昔の航海術に非常に貴重な役割をしていた領域なのです。

ポリネシア

「ポリネシア」の「ポリ」は「多い」という意味ですから、ポリネシアは「多くの島々」という意味になります。しかし、実際は逆といえます。

　ポリネシアは、北はハワイ諸島、南はニュージーランド、東はイースター島までの広大な三角形の領域（図46）ですが、この中には島が非常に少ないのです。

ですから、このあたりの航海は危険極まりないものでしたが、それでも、多くの人々が海を渡り、命を落としたといわれています。

今でも、地中海を渡ってヨーロッパの北の方の国に行きたいと願う難民の人たちが、リビアや中東から船に乗ってヨーロッパを目指し、途中で船が沈んでしまうということもあるようです。そのような悲しいことは本当になくなってほしいものですが、昔の人も恐らく、住んでいた島に何かの理由でいづらくなって、あるいは、何か政治的な迫害を受けて、新天地を求めて行こうという人たちだったのでしょう。

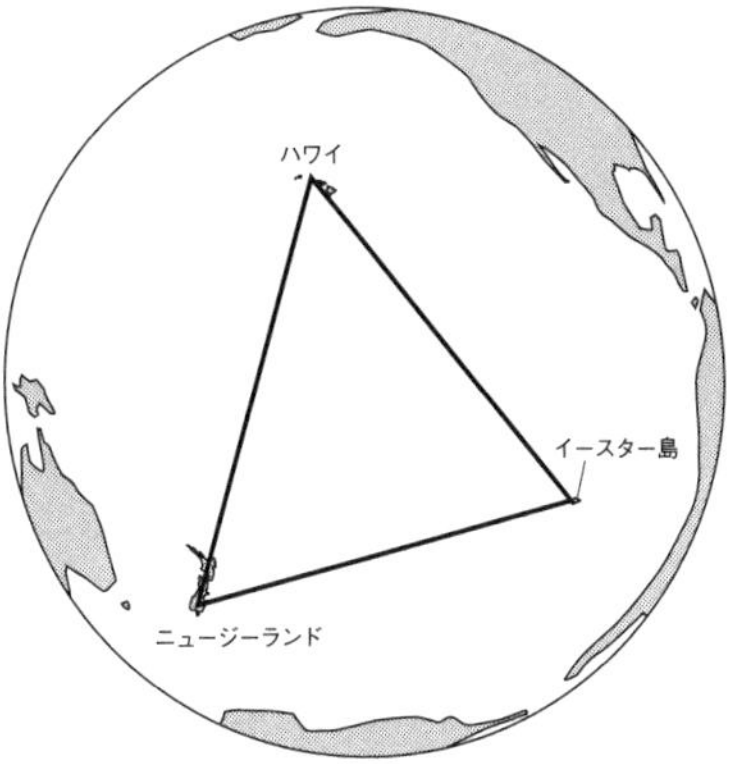

図46　ポリネシアトライアングル

ポリネシアの人たちがどういうふうに島々を移動していったか、民俗学者や歴史学者がその軌跡を研究し、作成した移動図があります（図47）。

紀元前1500年頃には、ニューギニアの方からフィジーやニューカレドニアに来たというのですから、ただの好奇心だけでなく、命をかけて新天地を求める必要があったのではないかと思われます。

紀元前1000年頃には、ポリネシアのサモア諸島などにも住み始めており、西暦200年頃にはマルケサスにも渡っていたようです。

その後、数百年かけて、ポリネシアのトライアングルに点在するさまざまな島にちらばっていくことになります。西暦400年頃にイースター島、西暦500年頃にハワイ、西暦800年頃にはニュージーランドに渡りはじめます。これらの人々はメラネシアのあたりから来ています。メラネシアの原住民の方々は肌が黒いので、ポリネシアの人たちも肌の黒い人が多いわけです。

この拡散について、以前は「海が荒れた時期にたまたま流されて、未発見の島に到着した」という「漂流拡散説」もありましたが、現在は「自分たちの意志で目指した」とする「積極的航海説」が支持され、実証されつつあります。

これらの地域で、なぜ星は大事かというと、星を見れば自分の位置や方位、場合によっては時刻もわかるので、遠洋航海のときに大いに役立つからです。

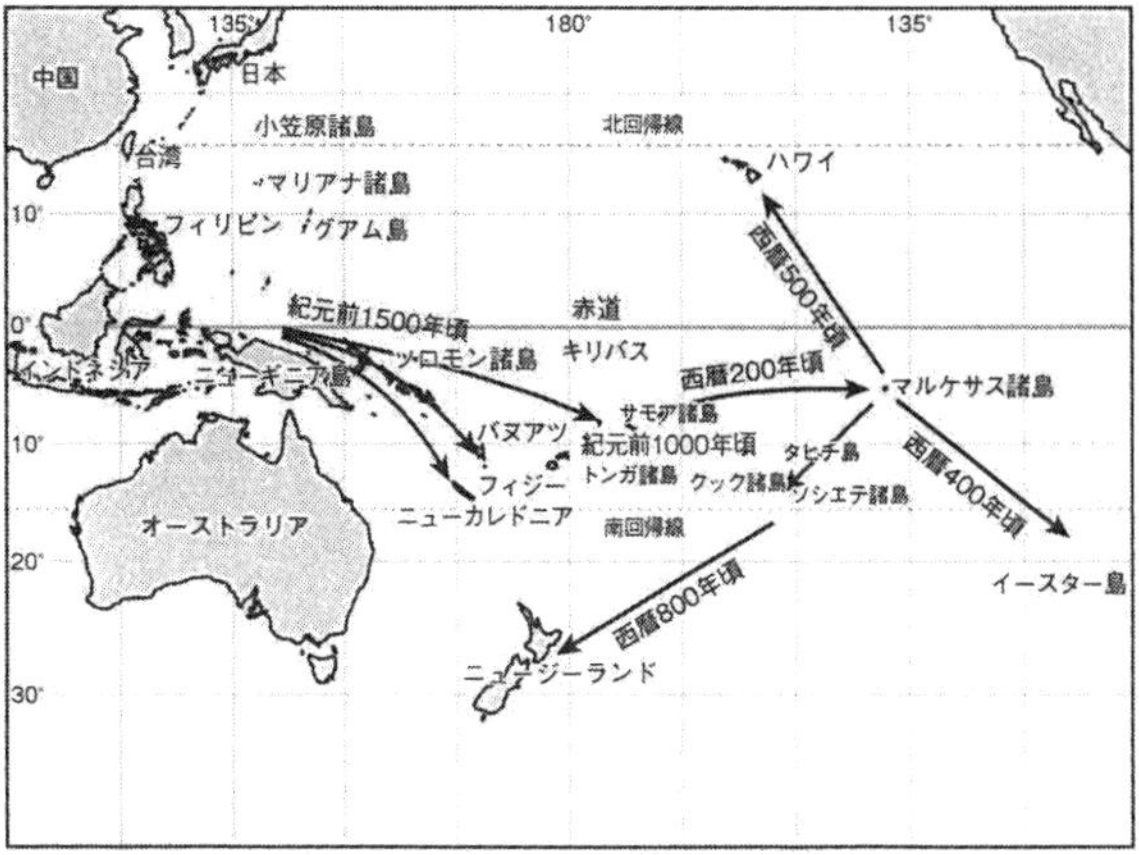

図47　ポリネシア人の移動足跡（日本財団やしの実大学ウェブサイトを参考に改変）

天測暦

「星は遠洋航海に役立つ」という話は、日本にもあります。

毎年、海上保安庁が『天測暦』を出版しています。これは天文航法専用の暦で、遠洋航海する船舶の位置を決めるために用いたり、港別の日の出や日の入りの時刻、月の出没時間などを合わせて掲載したものです。ある程度大きな規模の船は備えなければならないという法律がありましたが、2002年に義務ではなくなりました。

遠洋航海中、GPSなどのハイテクの位置測定器が何らかの理由で壊れてしまったときは、最終手段として、星を使って船の位置を知らなければなりません。そのときに『天測暦』を使って、星の位置から自分の位置を決めるのです。

実際には、現在の位置測定器がすべて故障する確率は非常に低いため、この『天測暦』の必要性に疑問を持つ声も増えており、間もなく廃刊されることになりました。

灯台守はいなくなった

星から話が逸れますが、航海上の安全という意味で、現在、「灯台」の存在意義も変わりつつあります。

岬にあり、ぐるぐると光を回しているあの灯台も、海上保安庁の管轄です。

夜、沿岸の船は、あの灯台の光を見て、自分の位置を知ることができました。以前は、船にとって非常に貴重な目印だったのですが、現在はGPSが10m、5mの精度で船の位置を特定してくれます。日本の準天頂衛星システム「みちびき」を使えば、わずか「cm（センチメートル）」の誤差で位置が出ますから、「今の時代に果たして灯台は必要か」という声も次第に大きくなっています。

実際、もう「灯台守《とうだいもり》」はいなくなりました。

灯台守というのは、文字通り「灯台を守る人」です。

しかし、もう灯台守はゼロになりました。今、灯台にいるのは「燈光会」の人たちです。燈光会は、文化財として灯台を守るために、主に灯台守だった人たちが引退後につくった社団法人です。現在、灯台はリモート管理され、どこの灯台のライトが切れたなどの不具合が判明すると、海上保安庁の職員が行って修理しています。そういう意味では、灯台の役割もだんだん薄れてきつつあります。

ただ、ＧＰＳなどのハイテク機器を持ってない、沿岸だけ走る小さな船もありますので、灯台を完全になくすという話には、まだなっていません。

太陽を用いた方位の確認

話をポリネシアの天文学に戻しましょう。

点在する島々へと拡散していく過程でも、星を見て、自分の位置や方位を知り、遠洋航海に役立てていたため、ポリネシアには、独特の星の見方と文化が誕生しました。また、星にまつわる神話や民話も数多く残されています。

ポリネシアの人たちが海を渡るときは、双胴カヌーを利用することが多いようです。遠洋航海するとき、カヌーには、東西南北を細かく分けた目印が描かれています。昼にも夜にも航海するので、昼の間は太陽の場所で方位を確認していました。

季節ごとに目印となる四つのグループ

では、大昔のポリネシアの人々がどのような星や星座を目印にして夜の大海原を航海していたのか、みてみましょう。

航海にまつわる神話や民話を伝え聞いているポリネシアの古老に話を聞くと、船乗りたちが目印にした星々は、季節ごとに四つのグループに分かれています。

冬の目印は「ボウル（bowl）」と呼ばれる「冬のダイヤモンドの東半分」です。冬は1等星が多いのですが、それを六角形に結んだものは通称「冬のダイヤモンド」と呼ばれています。その東半分をちょっと深めのお皿に見立てて「ボウル」と呼びます。

春の目印は「ライン（line）」と呼ばれる「北極星から春の大曲線、南十字、ケンタウルス座の並び（ライン）」です。

夏の目印は「トライアングル（triangle）」と呼ばれる「夏の大三角」です。

秋の目印は「スクエア（square）」と呼ばれる「秋の四辺形」です。秋は1等星がないので、ペガスス座の四辺形を使っています。

では、夜の航海時の目印になっている星や星座について、季節ごとに紹介します。

冬の目印の星と星座

ポリネシアで冬に東の水平線上に見える星空（図48）を見てみましょう。

冬の星空では「冬のダイヤモンド」と呼ばれる六つの1等星が目印になります。

一つめは、ふたご座のポルックス。ふたご座はポリネシアでも「Na Mahoe（ふたご）」という名前です。

二つめは、こいぬ座のプロキオン。

三つめは、おおいぬ座のシリウス。ポリネシアでは「Hoku-ho'okele-wa'a（カヌーをガイドする星）」と呼ばれています。日本など東洋では「天狼星」つまり「天のオオカミ」

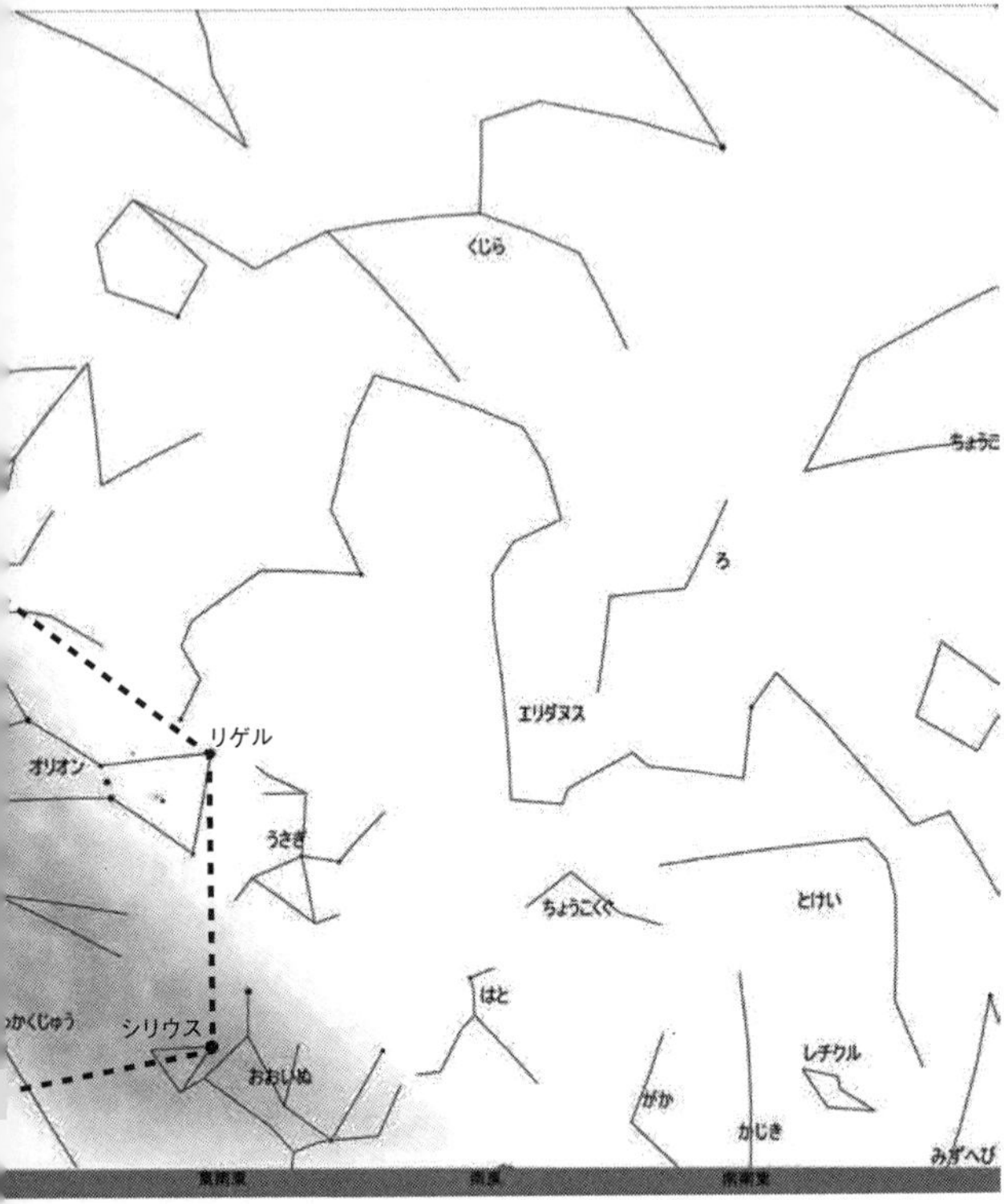
くじら
ろ
エリダヌス
リゲル
オリオン
うさぎ
ちょうこくぐ
とけい
はと
シリウス
おおいぬ
レチクル
がか
かじき
みずへび

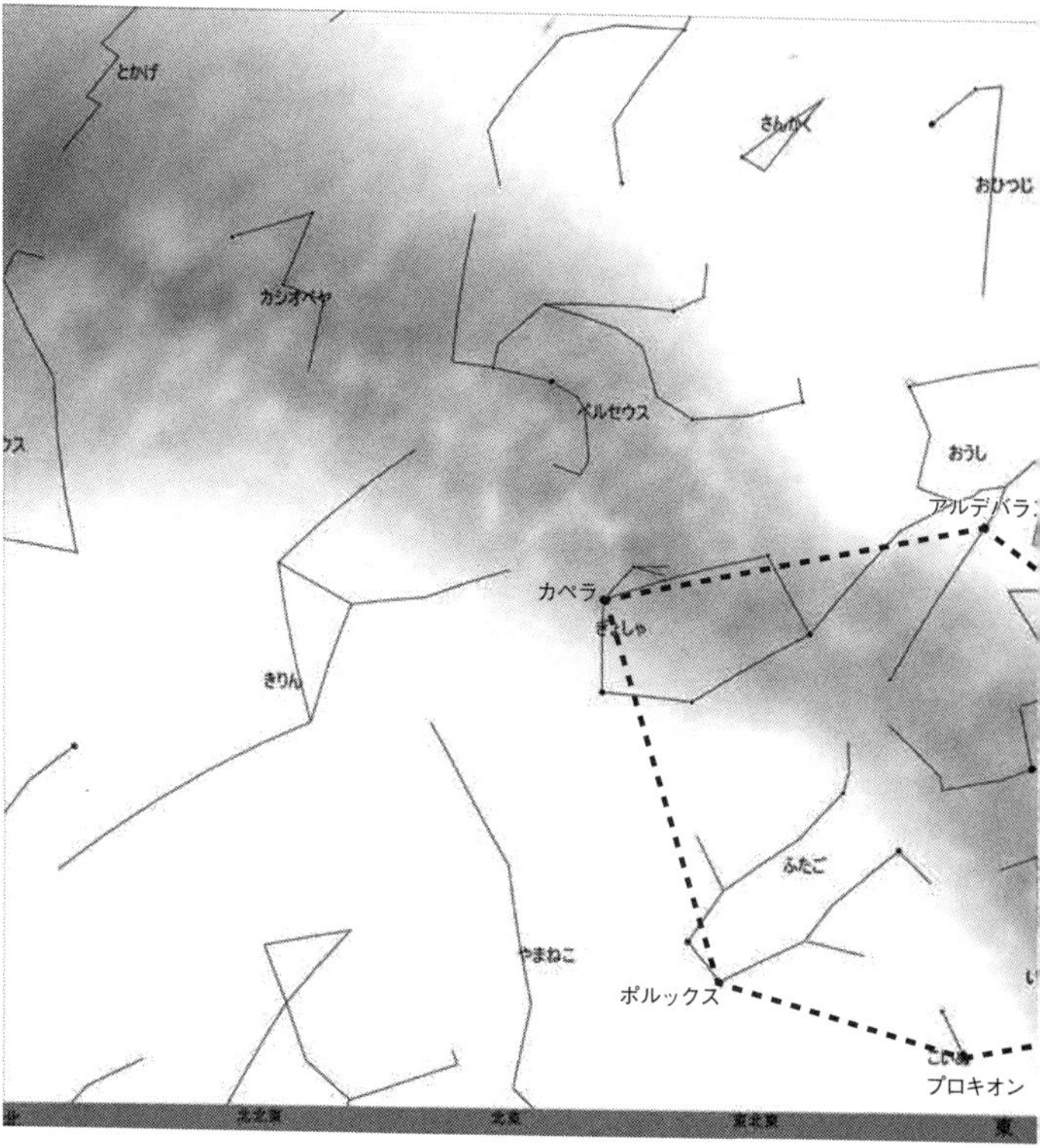

図48　冬・東の水平線。冬のダイヤモンド。雲のように見える部分は天の川
（ステラナビゲータの星図を元に作成）

と呼ばれていますが、エジプトでは「激しく燃える」という意味の呼び名になっています。

四つめは、オリオン座のリゲル。リゲルは「Puana-kau（吊された花）」と呼ばれ、オリオン座は「Ka Hei-hei o na Keiki」と呼ばれています。「Keiki」は「子ども」という意味で、オリオン座は「子どものおもちゃ」に見立てられているようです。

オリオン座は、日本でも「鼓星」や「源平星」など、さまざまな呼び名がありますが、キリバスでは「三人の漁師」に見立てられます。オリオンの左肩に当たるベテルギウスは赤い星ですが、ポリネシアでもそのまま「Kaulua-koko（輝く赤い星）」と呼ばれています。

これら四つで構成される「冬のダイヤモンドの東半分」に当たる「ボウル」が、冬の航海の際の目印になっていました。

「冬のダイヤモンド」の残りの星も目印です。

五つめはおうし座のアルデバラン。赤い星のアルデバランはそのまま「Hoku'ula（赤い星）」と呼ばれています。

六つめはぎょしゃ座のカペラ。ぎょしゃ座は「Hoku-lei」と呼ばれています。「Hoku」は「星」、「lei」はハワイなどで首からかけてもらう装飾品の「レイ」ですから、「星のレイ」です。

ほかにも、冬の航海時の方位の目印となった星々があります。

カノープスは、東京からは地平線ぎりぎりに赤い星としてしか見えませんが、ポリネシアで見ると青く輝き、シリウスと同じぐらい明るいので「Ke ali'i o kona i ka lewa（東の空の族長）」と呼ばれています。

最後におうし座のアルデバランとプレアデス星団。和名は「昴《すばる》」です。ポリネシアでは「Makali'i（小さな星）」と呼ばれ、マオリでは「Matariki」と呼ばれ、この星が日没後すぐ東に見えたら新年とされています。

春の目印の星と星座

ポリネシアで春に東の水平線上に見える星空（図49）を見てみましょう。

春の夜空の代表的な目印は、北極星から春の大曲線、南十字、ケンタウルス座という

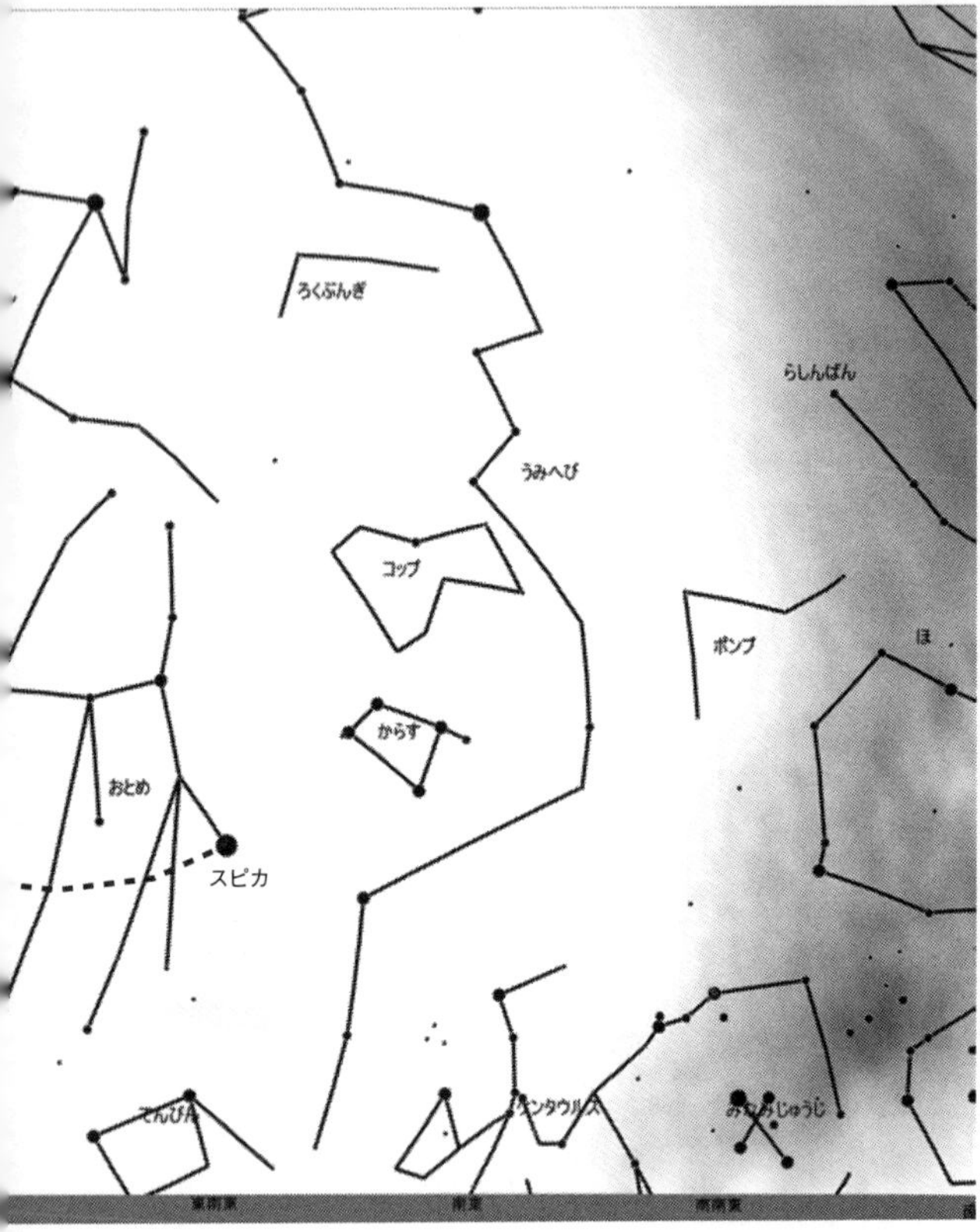
ろくぶんぎ
らしんばん
うみへび
コップ
ポンプ
からす
おとめ
スピカ
東南東
南東
南南東

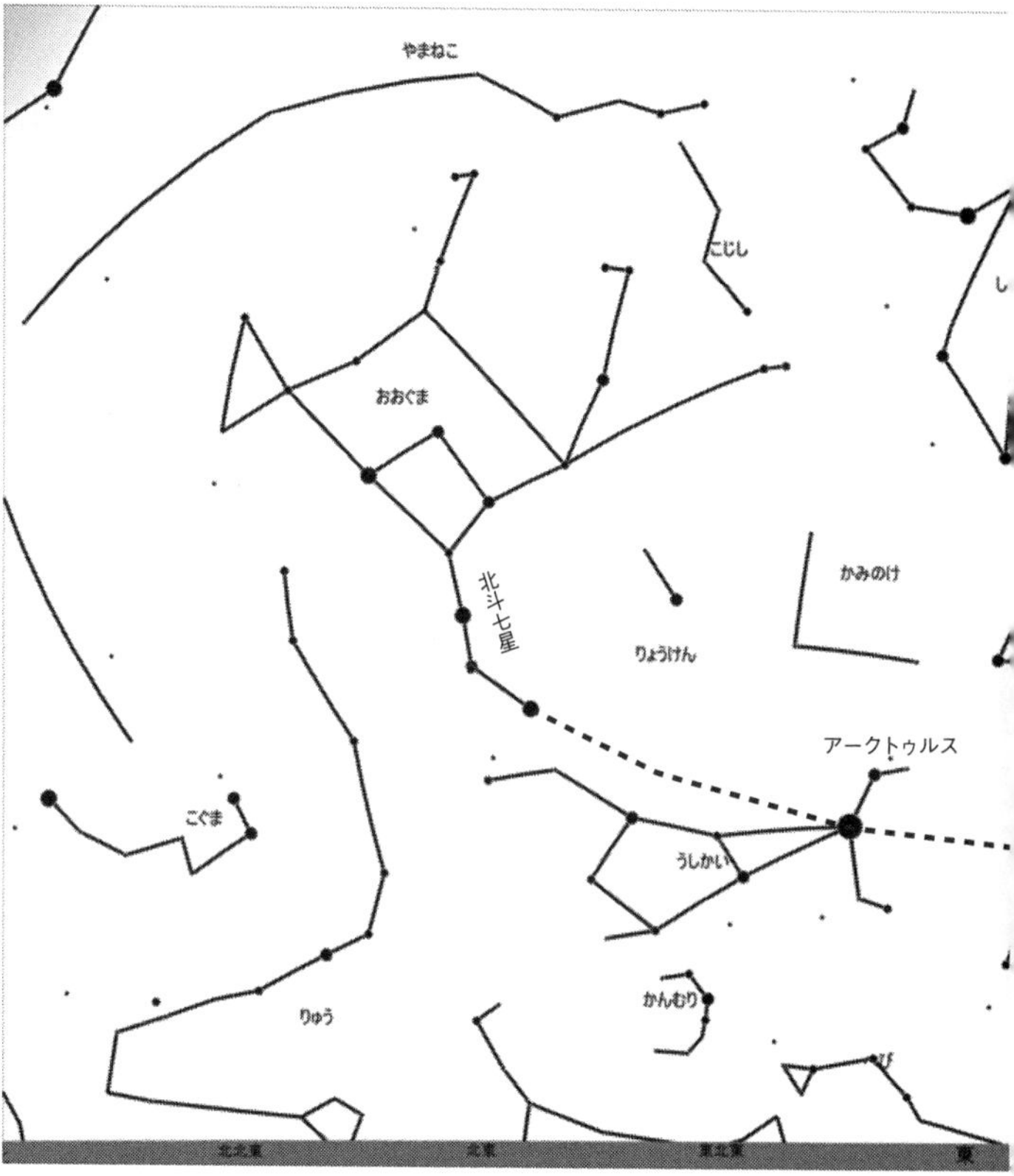

図49　春・東の水平線。春の大曲線
（ステラナビゲータの星図を元に作成）

並び（ライン）です。ポリネシアでは「Iwikuamo（一族）」と呼ばれています。

春の大曲線は、おおぐま座の腰と尻尾に当たる北斗七星の柄（おおぐまのしっぽ）のカーブを伸ばして、うしかい座のアークトゥールス、おとめ座のスピカまでです。それをさらに伸ばすと四つの星が台形に並ぶからす座に至ります。

北極星はポリネシアで「Hoku-pa'a（動かない星）」と呼ばれています。

春の大曲線は、「Na Hiku（七つの星）」と呼ばれる北斗七星の取っ手の部分から始まります。

次の「Hoku-le'a（喜びの星）」と呼ばれるアークトゥルスは、非常に有名な星です。なぜかというと、ハワイではこのホクレアが真上を通る代表的な目印となる星であり、また、大昔の遠洋航海を再現した大実験に使われたカヌーの名前も「ホクレア号」と名付けられたことから、世界中の人たちに知られることになったからです。

ホクレアの次は、「Hiki-analia（意味は不明です）」と呼ばれるおとめ座のスピカです。

終点は「Me'e（喜びの声）」と呼ばれるからす座です。

春の大曲線の次の目印は「南十字」です。北は北極星が目印になりますが、みなみじゅうじ座は、その十字架を伸ばして行った方向が南となります。現地では「Hanai-a-ka-malama」と呼ばれ、その意味は「お月様のお世話」です。

春の夜の遠洋航海の最後の目印がケンタウルス座です。この星座の呼び名「Na Kuhikuhi」は「ポインター（指標）」という意味です。

ケンタウルス座には「Ka-maile-mua（最初のmaile）」と呼ばれるベータ星と「Ka-maile-hope（最後のmaile）」と呼ばれるアルファ星の二つの明るい1等星があります。ちなみに「maile」とは、ハワイによく見られる低木で、花婿のレイに使われる植物です。このアルファ星とベータ星のすぐ脇に南十字があるので、ケンタウルス座は南十字を見つける「指標」というわけです。

夏の目印の星と星座

次は夏の夜の東の水平線上の星空（図50）です。

夏の夜空で一際目立つのは「Manaiakalani（シェフの釣り針）」と呼ばれるさそり座のアンタレスです。さそり座のS字カーブは釣り針に見えるので、日本でも「ウオツリボ

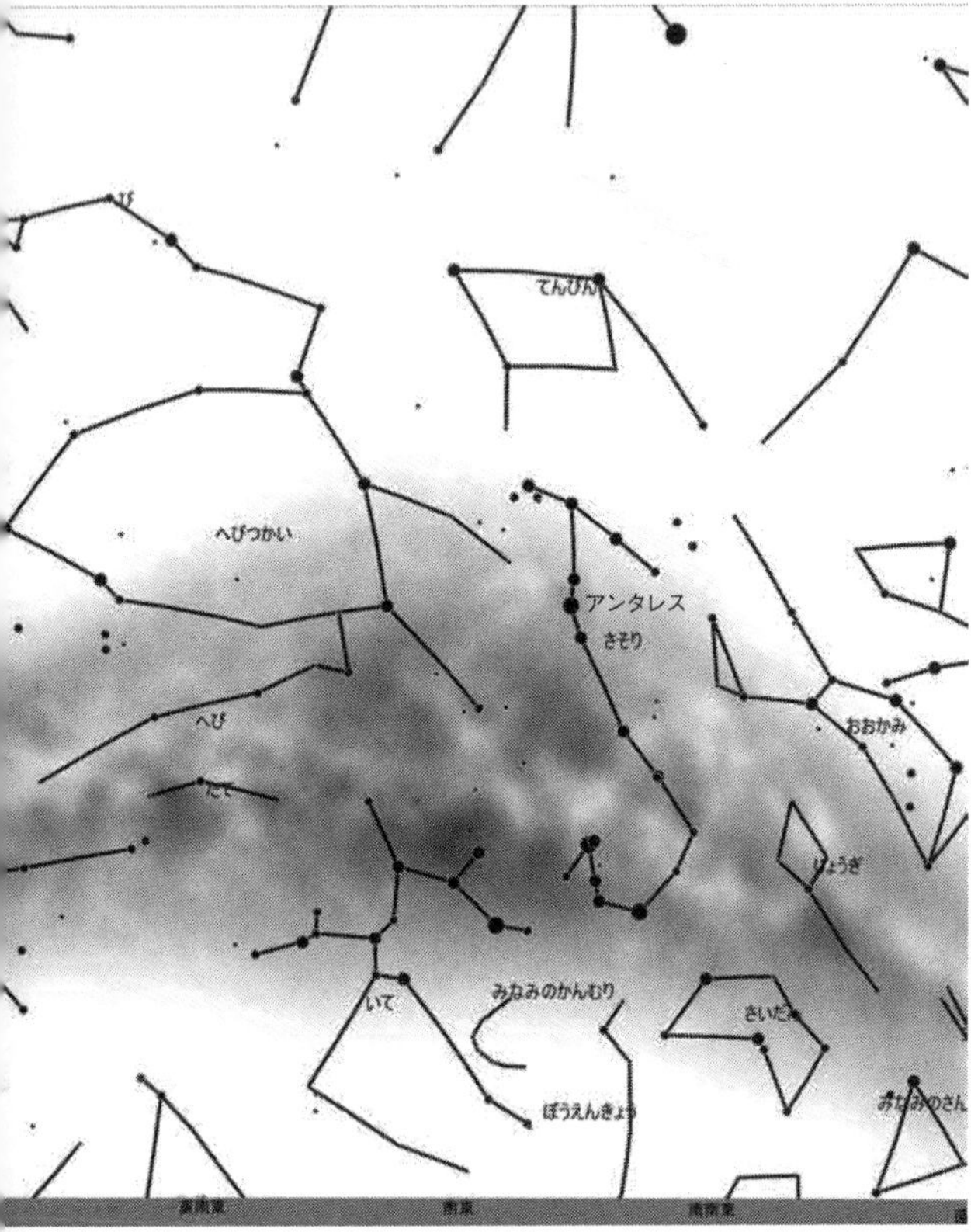
てんびん
へびつかい
アンタレス
さそり
へび
おおかみ
じょうぎ
いて
みなみのかんむり
南東

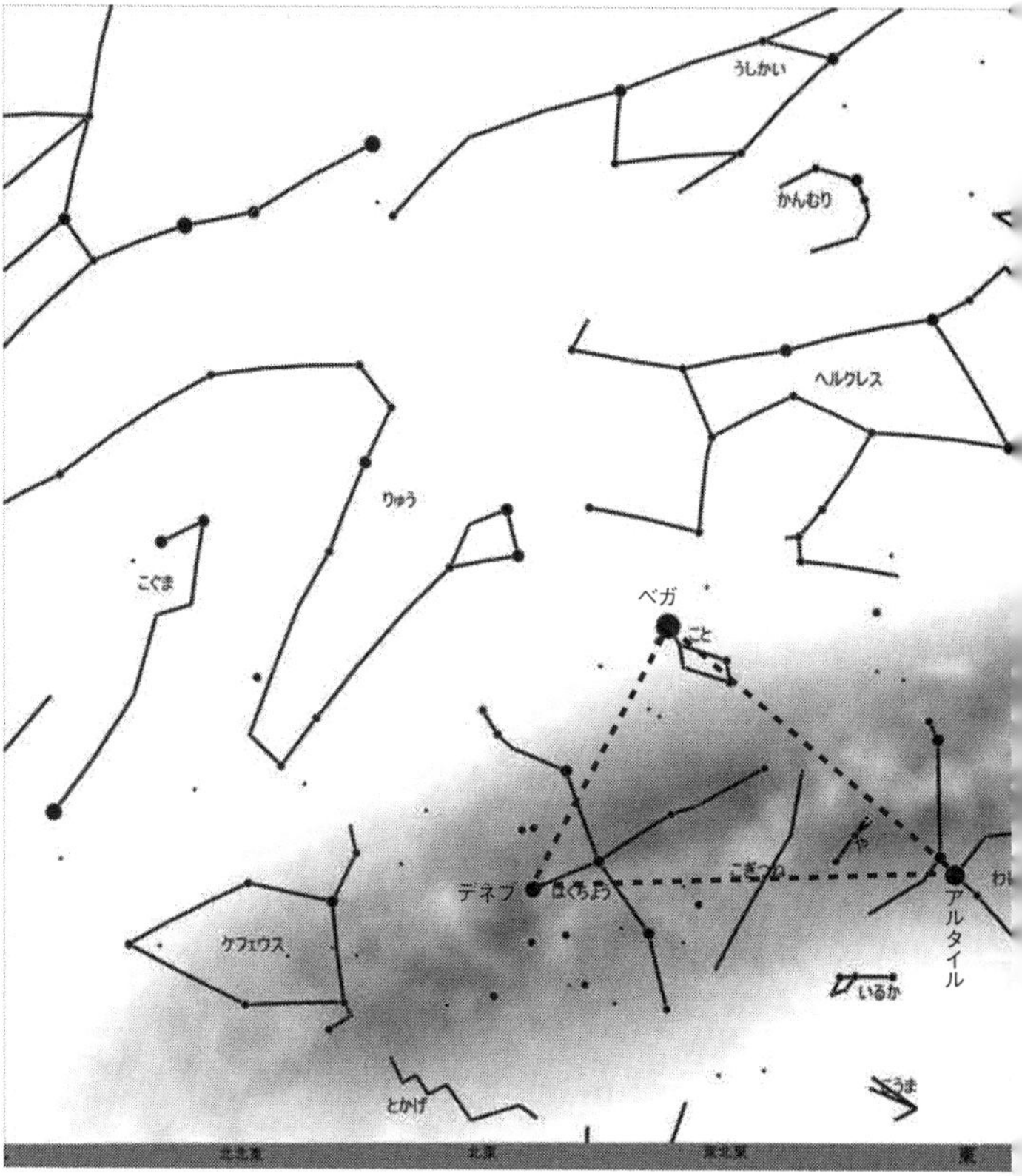

図50　夏・東の水平線。夏の大三角形
（ステラナビゲータの星図を元に作成）

シ」と呼ばれていますが、海洋国家であるポリネシアでも当然、釣りの関連物（釣り針）に見立てています。アンタレスは、その輝きの色から「Lehua-kona（南のレフアの花）」あるいは「Hoku'ula（赤い星）」と呼ばれています。

夏の夜の星空のもう一つの目印は「Huinakolu（ポリネシアのトライアングル）」、いわゆる「夏の大三角」です。この三角形の頂点の星の名前は、非常に象徴的です。はくちょう座の1等星のデネブは「Hawaiki」、つまり「ハワイ」です。こと座のべガは「Rapa-nui」で、これはポリネシアでの「イースター島」の呼び名です。わし座のアルタイルは「Aotearoa」で、これはマオリの言葉で「ニュージーランド」を指します。つまり、「夏の大三角」を構成する三つの星は、まさしく、ポリネシアの大きな三角形の領域の頂点に位置する「ハワイ諸島、イースター島、ニュージーランド」の名前で呼ばれています。あたかもポリネシアの海の三つの島を天に投影したかのような関係になっているのです。

秋の目印の星と星座

最後に、秋の星空（図51）を見てみましょう。

秋は目立つ星が少ないので、「秋の四辺形」が目印となります。西洋では「ペガススの四辺形」と呼ばれていますが、ポリネシアでは「KA LUPE O KAWELO（KAWELOの凧《たこ》）」と呼ばれています。KAWELOは伝説のチーフ（族長）の名前です。秋の四辺形は、彼の偉大さを伝える逸話に出てくる「凧」に見立てられました。

もう一つの目印は、別の偉大なチーフの名前に因《ちな》んだ「Iwa Keliʻi（チーフIwa）」と呼ばれる「カシオペヤ座」です。

北の空のW字のカシオペヤ座では、それぞれの星も個々に命名されています。アルファ星は「Polo-ahi-lani（空に輝くもの）」、ベータ星は「Poloʻula（赤く輝くもの）」、ガンマ星は「Mulehu（薄暮、または、灰）」です。

航海のための星

昔、ポリネシアで航海する人たちは、これらの目印となる星や星座がどの方角から上ってくるか、覚えていたそうです。

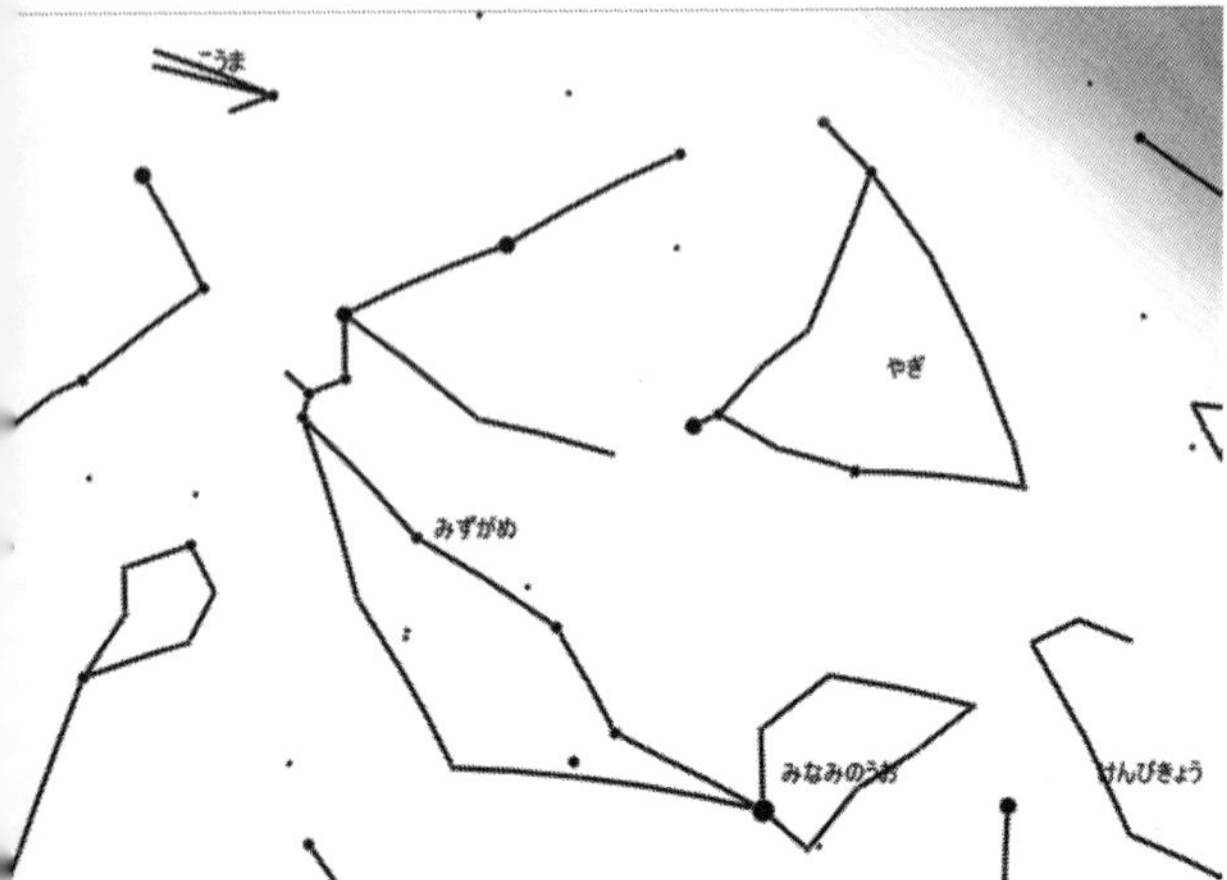
こうま
やぎ
みずがめ
みなみのうお
けんびきょう
つる
ちょうこくしつ
くじら
ほうおう
きょしちょう
ろ
東南東
南東
南南東

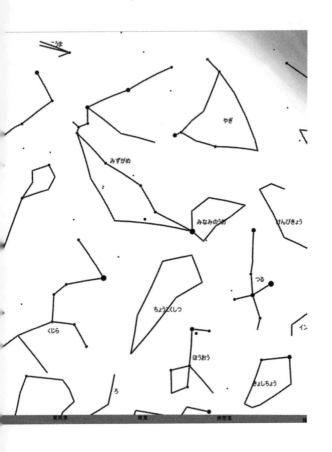

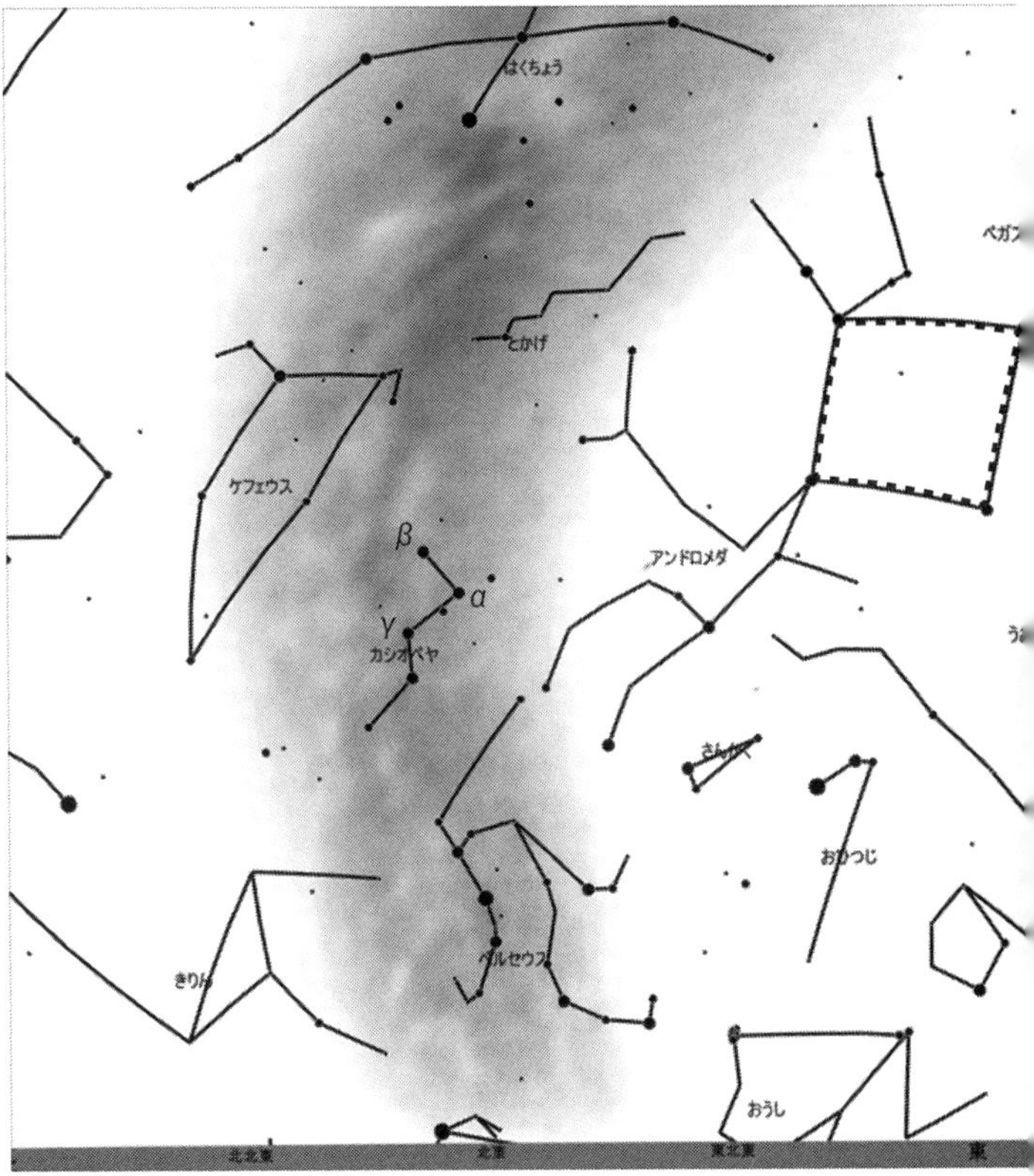

図51　秋・東の水平線。秋の四辺形
（ステラナビゲータの星図を元に作成）

ポリネシアの方位の対照表（図52）です。

これは、下から空を見上げたのではなく、上から見下ろした図で、右の「HIKINA」が東、左の「KOMOHANA」が西、下の「HEMA」が南、上の「AKUA」が北です。

この図のように、ポリネシアの方位は、東西南北それぞれの90度が八つの方位に分割され、認識されていました。たとえば北から東の方角をみてみると「AKAU（北）」「HAKA（東寄りの北）」「NA LEO（北北東）」「NALANI（北寄りの北東）」「MANU（北東）」「NOIO（東寄りの北東）」「AINA（東北東）」「LA（北よりの東）」「HIKINA（東）」という具体に、それぞれの方位が固有の名称で呼ばれます。

方位が32もの細かさで分割されていたことからも、ポリネシアの人たちが、方位に関していかに緻密に意識していたかがわかります。

次に紹介するのは、図の右側に星や星座の名前とそれらが水平線から現れる（Rising）方位、図の左側に星や星座の名前とそれらが水平線に没する（Setting）方位を対応させて書き込んだ図です。

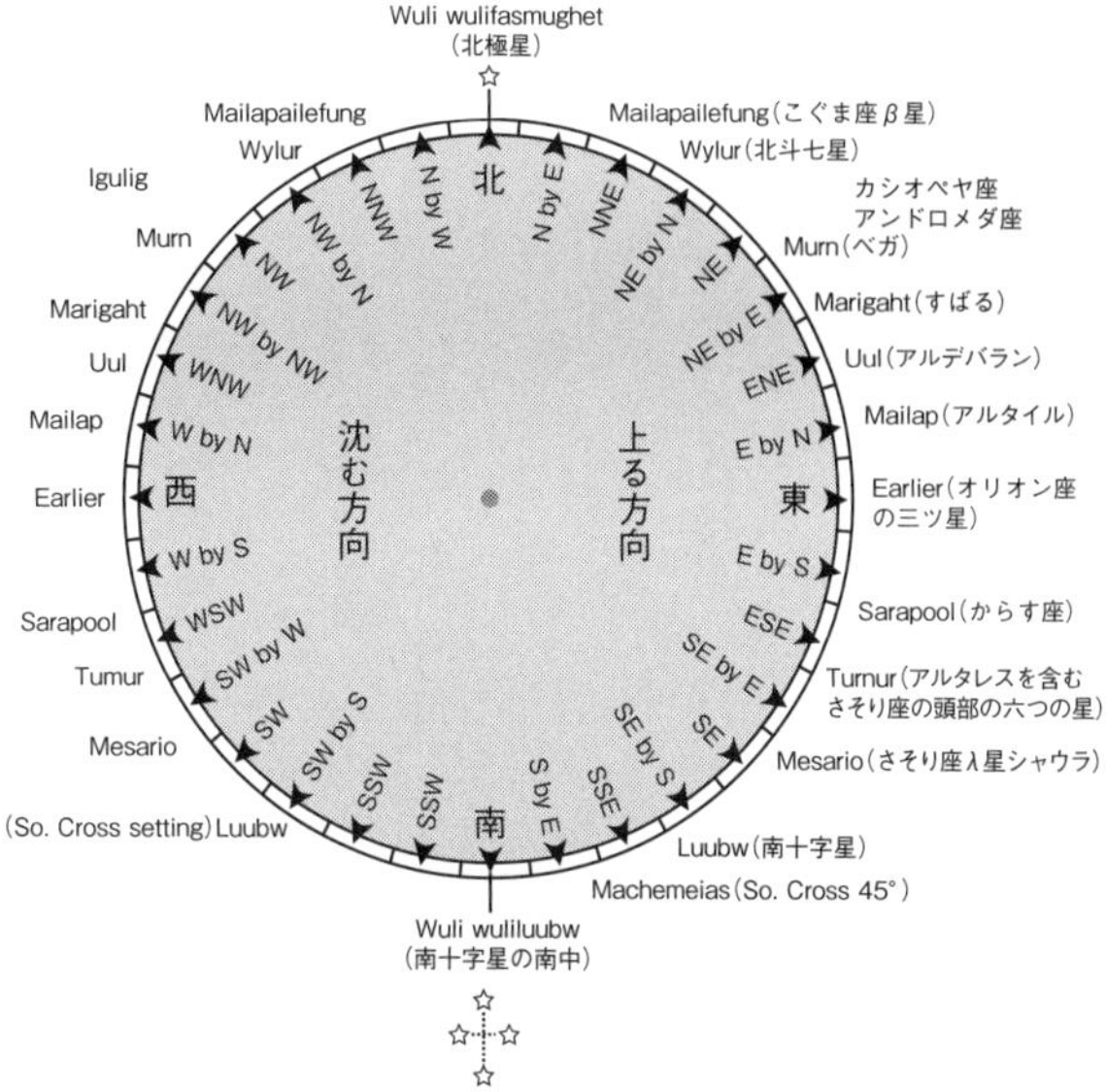

図52　航海のための星

図の北（N）の方向には「北極星（Polaris）」、南（S）の方向には「直立した南十字星（Uprighut Southern Cross）」の名前があります。東（E）からは「オリオンのベルト」、東北東（ENE）からはおうし座のアルデバラン、北東（NE）と東北東（ENE）の間の「東寄りの北東（NE by E）」のあたりからはこと座の「ベガ」が水平線から昇ることがわかります。

ポリネシアの人たちは、これらを覚えておいて、夜の遠洋航海では、自分がどっちの方向に進んでいるのか、判断する基準にしていました。

昼間は、誰でもわかる太陽を基準にできたというメリットもあったのですが、残念ながら「判明する方位の精度が低い」というデメリットもありました。太陽で判断する場合は「あっちが北東だ」くらいしかわかりません。しかし、星の場合はかなり精度が高くなるので、全方位を32分割した精度で「水平線からベガが現れたから、あちらが北東と北北東の間の『NOIO』の方角だ！」という具合に正確な方位を知ることができたのです。

2 星にまつわる物語

星の民話

ポリネシアの人たちにとって、星や星座がいかに重要なものだったかは、現代まで語り継がれている数多くの民話の中に「星にまつわる物語」が多くみられることからもわかります。

たとえば、伝説の英雄マウイが海から島を釣り上げて「ハワイ島」になったという民話があります。が、このときに使ったのが、さそり座の尾のS字カーブの部分に当たる「Manaiakalani（シェフの釣り針）」だと言い伝えられています。

ニュージーランドの北の方の島々も、同様に釣り上げられたという「天地創造」の神話が残されています。

また、パプアニューギニアには、花嫁が星から降りてくるという民話もあります。

ホクレア号

積極的航海説とは、帆船（カヌー）に乗って、星を頼りに遠洋航海する〝ポリネシア航法〟により、広大な海に散在する島々へと渡り、分散していったとする説です。半世紀近く前、この説を実証する試みがありました。

1975年、アメリカ合衆国建国200周年記念事業の一つとして、伝統航海技術を復元するために、大昔のポリネシアで利用されていた帆を持つタイプのカヌーがつくられました。この事業は、ハワイ先住民の伝統文化復興運動のシンボル的存在となりました。

このときつくられた帆船は「ホクレア号」と命名されました。

春の遠洋航海の目印として紹介したうしかい座の「アークトゥルス」は、常にハワイ諸島の天頂を通過するので、タヒチやマルケサス諸島からハワイ諸島にカヌーが戻るとき、この星の高度が重要視され、目印となっていました。

アークトゥルスは、日本で「麦星」と呼ばれています。麦踏みの季節に昇ってきて、麦が実る頃、天の真上で、麦の色と同じような色に輝くので、世界中で〝良い意味〟の名前で呼ばれることが多い星です。ハワイ語では「Hōkū」は「星」、「le'a」は「喜び」を指すので、「ホクレア」とは「喜びの星」という意味です。

ホクレア号の最初のチャレンジは、1976年、ミクロネシア連邦から航法師Paliuwのマウ・ピアイルックを航海長に迎えて、近代的航法器具を一切使わないで、ハワイからタヒチに航海しました。

2年後、航海長にナイノア・トンプソンを迎えて、再びハワイからタヒチを目指しましたが、出航直後に転覆して遭難しました。以後は伴走船が付くことになります。

1980年、ナイノア・トンプソンが再び航海長を務めて、往路・復路とも航法器具を使わない昔ながらのポリネシア航法で、ハワイ・タヒチ間の往復に成功しました。そして、1985年から1987年にかけて、ハワイ、タヒチ、ニュージーランド、クック諸島、タヒチ、ハワイの順の航海に成功。ホクレア号は、ついに積極的航海説を実証したのです。

その後も、さまざまな航海にチャレンジして、2007年には日本にも来ました。ハワイ島から出港し、マーシャル諸島、ミクロネシア連邦の島々、パラオなどを経て、ホクレア号は初めて日本を訪れました。沖縄、奄美大島、長崎、福岡、新門司、宮島、広島、宇和島、室戸、三浦、横浜などに寄港して、ポリネシアへと戻りました。

1980年からホクレア号の航海長、1986年からは船長を兼務することもあったナイノア・トンプソンは、その功績により、ハワイでは知らない人がいないほどの英雄になりました。ハワイで何か世論が割れるような議論がわき起こったときに、新聞社がナイノア・トンプソンにインタビューして、彼の意見が非常に大きな影響力を持つほどのVIPでした。

ポリネシアを西欧に知らしめた人物と天文現象

ポリネシアの島々とその文化を初めて西欧諸国に知らしめたのは、通称「キャプテン・クック」として有名なイギリスの海軍士官で海洋探検家のジェームズ・クック（1728―79）です。

クックがニュージーランドやハワイ諸島などの島々をヨーロッパ人として初めて訪れることになった理由には、世界中の科学者たちも注目した天文学の一大イベントが深く関係していました。

その天文現象とは「金星の太陽面通過」（図53）です。

17世紀半ば、天文学者は地球と太陽の間の距離を「1天文単位」として、ほかの惑星間の距離の関係も計算できていました。ただ、肝心の「1天文単位」が具体的に何マイル（キロメートル）になるのか、正確にはわかっていませんでした。

しかし、当時の天文学者たちには、金星の太陽面通過を観測することで「1天文単位」の距離を算出できることがわかっていました。

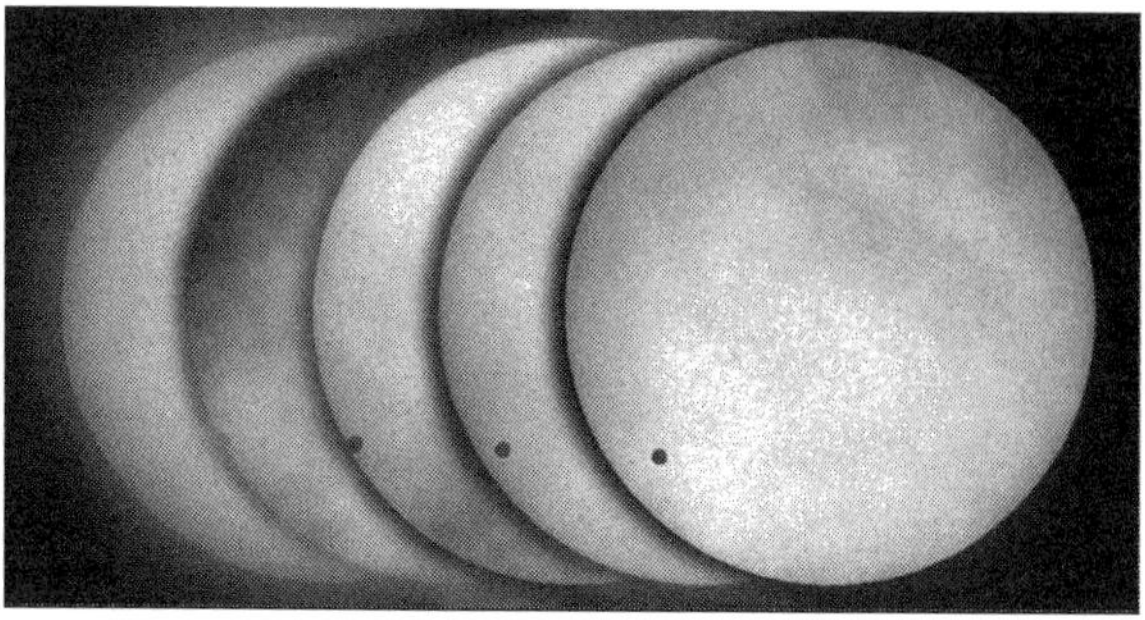

図53　金星の太陽面通過（国立天文台）

二つの地点から見える金星の見え方の違いから計算する方法です。

地上の遠く離れた2地点で金星を見たとき、太陽面上にずれた2点として見えます。

地球上の二つの観測地点から金星が見えている角度を計測して、そこから太陽面上の二つの金星の見かけの角度がわかれば、いわゆる三角測量の原理で金星と太陽の距離、ひいては太陽と地球の距離（1天文単位）を算出できるわけです。

しかも、この「金星の太陽面通過」は、そう頻繁には起こらない、とても希少な天体現象でした。

西欧にポリネシアを紹介したキャプテン・クック

金星の太陽面通過を地球から観測できる機会は、非常に稀《まれ》です。

たとえば、最初に人類が観測に挑戦した（結局は失敗でしたが）のは1631年で、次は8年後、初めて観測に成功したのは1639年ですが、その次となると、いきなり122年後の1761年でした。

つぎは8年後の1769年ですが、その次は105年もあいて1874年。その8年後の1882年に観測できたあと、20世紀の間には1度もなく、2004年、2012年と続いて、今度、私たちが金星の太陽面通過観測できるのは、100年後の2117年なのです。

これだけ希少な機会だったからこそ、1769年の金星の太陽面通過には、チャンスを逃すまいと欧州各国から観測隊が世界中に送り込まれました。

このとき、王立協会により南太平洋のタヒチへ派遣されたのが「キャプテン・クック」こと、ジェームズ・クックでした。

クックは、金星の太陽面通過の観測のための第1回の航海（1768―71年）のあと、王立協会から伝説の「南方大陸（テラ・アウストラリス。実際には存在しなかった）」発見のために派遣された第2回の航海（1772―75年）、太平洋と大西洋をつなぐ「北西航路」の探索のための第3回の航海（1776―80年）の計3回の大航海を行いました。

クックは、第2回の航海でイースター島やトンガなど、第3回ではハワイ諸島などに初めて訪れたヨーロッパ人となり、ポリネシアの島々の存在とそこでの人々の暮らしをイギリス、ひいては西欧諸国に知らせるという歴史的な役割を果たしましたが、1779年、ハワイで非業の死を遂げ、自身はイギリスに帰国できませんでした。

金星の太陽面通過の観測

クックは、金星の太陽面通過の観測のため、当時のグリニッジ天文台長の助手、天文学者チャールズ・グリーンとともに、1769年4月、タヒチに上陸しました。クックが観測場所に選んだのは、その後、「金星岬」と呼ばれている岬です。この岬は、有名な油絵にも描かれています。

クックはそこに居館と観測所を建てました。

そして、同年6月3日、金星の太陽面通過の観測に成功しました。この歴史に残る観測を記念して、ツバルやニュージーランドでは記念切手が発行されています。

ただし、このツバルの切手の絵のように、樽か何かの上に望遠鏡を置いて観察したわけではなく、実際は観測所に設置されたドームの中で行われました。

ビーナス・ポイントで見たグリーンフラッシュ

私もここに行ったことがありますが、現在、そこは「ビーナス・ポイント」と呼ばれる公園になっていて、灯台と何かの記念碑らしきものが建つ観光地になっています。

この場所がなぜ地元の人たちから「ビーナス（金星）・ポイント」と呼ばれているのかと尋ねると、「夕陽が沈むとき、金星がよく見えるからだろう」という答えが返ってきました。今から250年前に、ここで歴史的な金星の太陽面通過の観測が行われたことは、あまり知られていないようでした。

せっかくですから、私も「ビーナス・ポイントで金星を見よう」と思い、日没から1時間くらい、その場にいました。すると、金星も見えたのですが、日没のとき、非常に珍しい天文現象を目にすることができました。

グリーンフラッシュです。太陽が昇った直後、あるいは、沈む直前、太陽の縁がほんの一瞬だけ緑色に輝く現象です。

太陽が地平線に近くなると、太陽光は厚い空気の層を通るため、プリズムの原理と同様に屈折して、波長の長い赤色から波長の短い緑色に分かれます。通常、波長の短い光は大気によって散乱されるので、波長の長い赤色の光だけが目に届き、夕陽は赤く見えます。しかし、空気が非常に澄んでいると、波長の短い緑色の光も散乱されないまま目に届きます。

このとき、太陽が地平線や水平線、雲などで隠されて、一番上の部分だけ見えると、屈折したとき下の方に来る赤色の光は隠され、上の方にくる緑色の太陽の光だけがこちらに届くことになります。この光が大気によってゆらぐと、グリーンの光がフラッシュしているように見えるのです。

この現象はめったに見られません。私もハワイで1回見ていただけで、人生で2度目の貴重な体験でした。それを見ることができて、すごく嬉しかった覚えがあります。

日本にも来た金星の太陽面通過の観測隊

この「金星の太陽面通過」の観測は、日本でも行われました。クックの観測から105年後の明治7（1874）年、日本にフランス、アメリカ、メキシコが観測隊を派遣しました。フランスは長崎と神戸に隊を分け、アメリカ隊は長崎で、メキシコ隊は横浜で観測を行いました。

フランス隊が観測を行った長崎の山の上には、今でも碑が残っています。横浜市中区山手町の紅葉坂には観測から100年を記念した碑が観測地点に建てられています。

当時、明治政府はなぜ、彼らがはるばる日本に来たのか、全く理解できなかったようですが、フランス、アメリカ、メキシコの観測隊を快く受け入れました。

おかげで、明治政府は長崎と東京を結ぶ電信回線をつくることになり、インフラ整備のきっかけになりました。

現在は、レーダー観測すれば惑星間の距離が正確に計測できるので、金星の太陽面通過から金星と太陽の距離を求めるための観測は行われていません。

第五章　キトラ古墳

1　日本の古天文学はどうなっているのか

日本の古天文学の研究対象「キトラ古墳」

これまで、ストーンヘンジ、エジプトのピラミッド、マヤ文明、ポリネシアの航海術と、遺跡や歴史的記録をもとに、古天文学の海外での事例について紹介してきました。最後は、日本の古天文学の研究とその成果についてみてみましょう。

その代表的な研究対象とは「キトラ古墳」です。

キトラ古墳は、奈良県高市《たかいち》郡明日香村の国営飛鳥歴史公園の中にあります（図54）。藤原京跡の南側には、極彩色の壁画に非常にきれいな人物が描かれていることで有名な高松塚古墳があり、そこから約１km南にキトラ古墳（図55）があります。

周囲を木々に覆われた二段築成の円墳で、高松塚古墳に続いて、日本で2番目に発見された大陸風の壁画古墳です。

上段の直径が約9・4m、下段は直径約13・8mで、高さは上下段合わせると4m余り。7世紀末から8世紀初めの古墳で、その様式や豪華な埋葬品から、中国や朝鮮から渡ってきた位の高い渡来人が埋葬されたと言われています。

「キトラ」の名前の由来は、古墳の近くの地名「北浦《キタウラ》」がなまって「キトラ」になったという説や、江戸時代に中に入った盗賊が側壁に描かれていたカメとトラを見て「亀《キ》虎《トラ》」と言ったという説など、諸説あります。

このキトラ古墳が日本の古天文学の貴重な研究対象となっている理由は、古墳の中心にある奥行2・4m、幅1・0m、高さ1・2mの石室の天井に詳細な天文図が残されていたからです。古天文学の見地からすると、こんなに面白い天文図はありません。

石室の装飾として描かれた天文図ではありますが、その中の情報を読み取ることで、その天文図が作成された年代や場所がわかります。さらに、遺跡自体がつくられた年代推定に貢献するだけでなく、新たな天文学的発見の可能性すらあるのです。

図54　キトラ古墳外観（奈良文化財研究所）、国（文部科学省所管）

図55　キトラ古墳と関連する古墳群の地図

キトラ古墳の調査

キトラ古墳の石室内の調査は、数度に分けて行われました。

最初は、1983年、ファイバースコープでの石室内部の撮影調査です。

調査のために古墳を開けてしまうと、温度や湿度や気体成分など、石室内の状態が変わるため、中の絵が一気に劣化してしまう可能性がありました。

そこで、石室の南壁にあった盗掘穴からファイバースコープを差し込んで、小型カメラで内部をアナログ撮影（図56）しました。

この調査で、石室の奥の北壁に「玄武《げんぶ》」と思われる壁画を発見しました。

次に1988年、上下左右に向きを変えることができるCCDカメラを石室内に入れて、東壁の「青龍《せいりゅう》」、西壁の「白虎《びゃっこ》」を発見しました。

そして、このとき、天井に東アジア最古に属する現存例といわれる精緻な天文図である「星宿図」も発見されました。ちなみに「星宿」とは「星座」のことです。

続いて、2001年の調査では、デジタルカメラが用いられ、南壁の「朱雀《すざく》」が確認

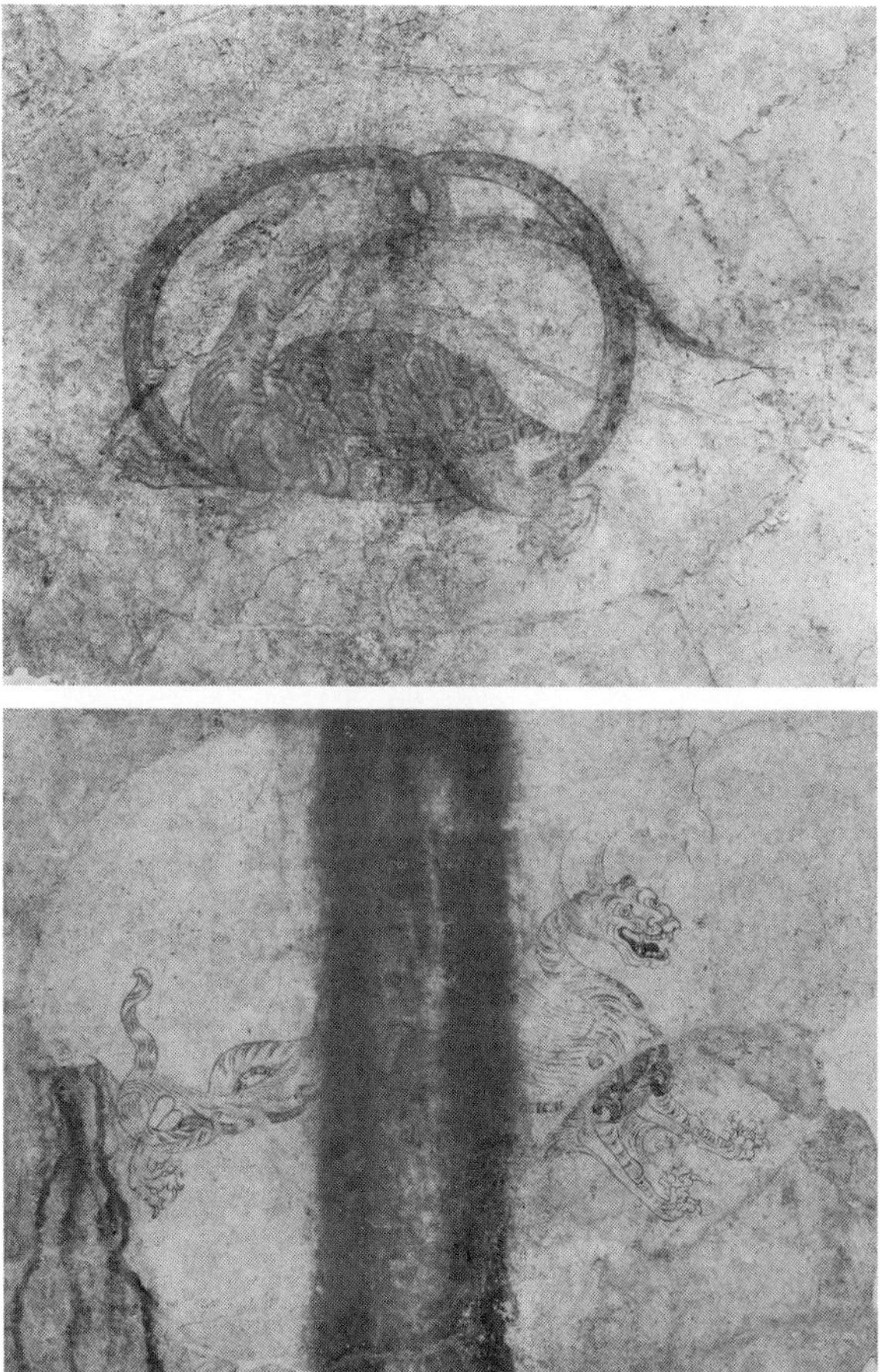

図56　キトラ古墳：上が玄武、白が白虎（奈良文化財研究所）、国（文部科学省所管）

されました。

このとき、東西南北の四つの壁の下の方にある獣頭人身十二支像の存在も確認されました。

2003年、文化庁が石室内調査を開始した結果、壁画は、そのままにしておくとやがて崩れてしまうほど極端な脆《もろ》さだとわかったため、この壁画を守るため、2004年8月から2010年にかけて、壁画の取り外し作業が行われました。取り外された壁画は、細心の注意を払って修理、強化処理されて、現在も保存管理されています。

なお、取り外しに先立ち、石室内部の東西南北の四つの壁と天井、床面の計6面については、2004年、高精細デジタルカメラによる撮影が行われました。その精度の高い画像によって、研究者は取り外し前の壁画の状況を正確に知ることができるようになりました。

2013年、石室の調査が終了したキトラ古墳は、石室と同じ石材でふさがれ、封印されました。

これらの調査結果から、キトラ古墳には、漆喰《しっくい》で白く塗られた東西南北の壁に青龍、

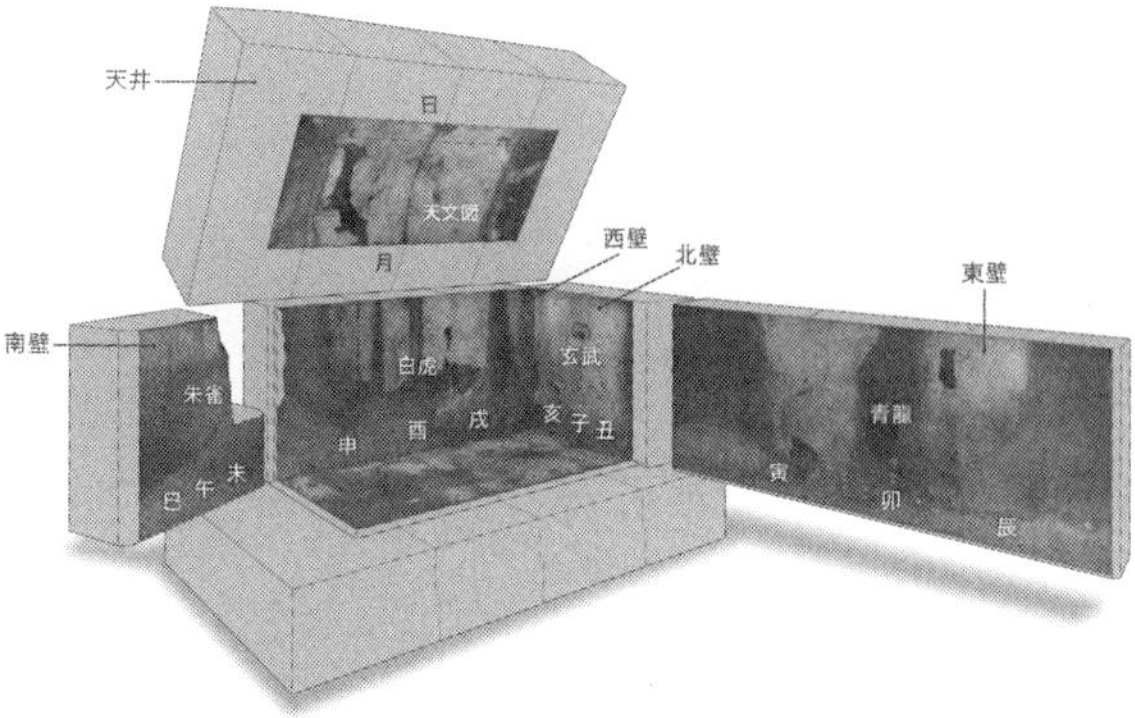

図57　キトラ古墳内部の壁画展開図（奈良文化財研究所）、国（文部科学省所管）

白虎、朱雀、玄武が描かれ、その下には獣頭人身十二支像、天井には本格的な中国式星図として現存する世界最古の星宿図があり、屋根形のえぐり込みのある天井には東の斜面に金箔で太陽、西の斜面に銀箔で月が描かれていることがわかったのです（図57）。

天文図の重要な五つの要素

キトラ古墳のように、四方に神様が描かれているタイプの古墳の石室は、ほかにもあります。

たとえば、先にも触れた高松塚古墳のほか、奈良県奈良市と京都府木津川市の境にある上円下方墳の「石のカラト古墳」、奈良県高市郡明日香村にある六角墳の「マルコ山古墳」などです。

四方の壁に四つの神様、天井に星宿図、東西に日輪月輪が描かれているのは、壁画古墳の基本的な構成です。ただ、天井の星宿図に関して、キトラ古墳のものほど詳細かつ美しいものは、ほかにありません。高句麗《こうくり》後期の6、7世紀の古墳および後漢の古墳の天井画にも星宿図はありますが、キトラ古墳のように石室の中に非常に細かく星が描かれているわけではありません。

しかも、キトラ古墳の星宿図は、恐らく世界最古の天文図であろうと考えられています。現存する天文図で古いものといえば、北宋の『淳祐石刻天文図』（1247年）もありますが、これは13世紀のものです。李氏朝鮮の『天象列次分野之図』（1395年）も古いですが、それでも14世紀のものです。

壁画では7世紀から8世紀の類例もあるのですが、キトラ古墳の星宿図ほど正確なものはないということで、発見当時、非常に話題になりました。

国内の古墳壁画での天文図（星宿図）の発見は、高松塚古墳に次いで2例目です。ただし、高松塚古墳の星宿図は、キトラ古墳のものほど詳しく描かれてはいません。星宿図には350個以上の星が描かれ、それらを朱線で結んだ74個以上の星座が示さ

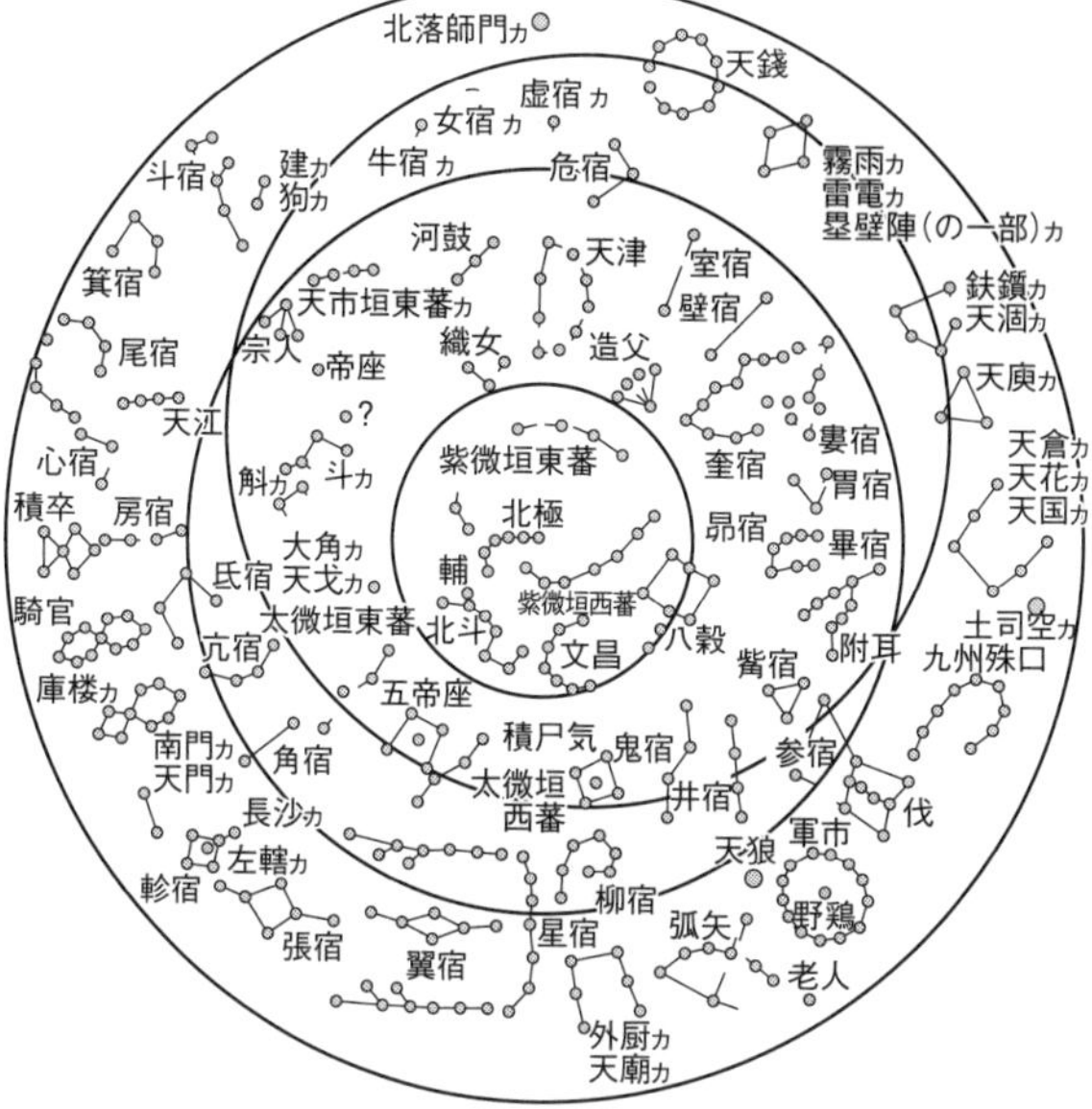

図58　星宿図（奈良文化財研究所提供、相馬充加筆）

れていました（図58）。

この図からわかるように、キトラ古墳の星宿図には、天文図にとって重要な五つの要素が描かれています。

星座（星）、赤道、黄道、内規、外規です。

キトラ古墳の星宿図では、これほど詳細に五つの要素が描かれているからこそ、観測された年代や場所を天文学で読み解く資料となるのです。

では、五つの要素から、この天文図が観測された年代や場所をどのようにして天文学で読み解くのか、具体的な解説を行う前に、まずは、その星宿図に描かれている星座のもととなる「古代中国星座」について解説します。

古代中国星座の基本は28宿と4神

古代中国星座の特徴の一つは、星座に当時の身分制度が反映されていることです。

地球の首振り運動のため、現在とはちがい、2000年くらい前の天の北極に位置していた北極星（周極星）は、こぐま座のベータ星でした。この〝空の中心で動かない北

図59　28宿

極星〟を天の皇帝である「天帝」に見立てて、その周りの星座に関しては、天帝に近い方から皇族、官僚、軍人、庶民という階級順に名前があてがわれました。

もう一つの特徴は、紀元前5世紀頃の戦国時代にはすでに成立していたとされる「28宿」と呼ばれた28個の星座です。

月の通り道、いわゆる「白道」にそって、東西南北それぞれ7分割、空全体を28分割して、その分割された一つひとつのエリアにある星座に月が移動しながら宿っていくという意味で「28

宿」と呼ばれています。

「28分割」の「28」は「月が天球上で1周する周期（恒星月）」の「27・3日」に起因しています。


この28宿には、東の青龍と角《かく》宿、亢《こう》宿、氐《てい》宿、房宿、心宿、尾宿、箕《き》宿、西の白虎と奎《けい》宿、婁《ろう》宿、胃宿、昴《ぼう》宿、畢《ひつ》宿、觜《し》宿、参《しん》宿、南の朱雀と井宿、鬼宿、柳宿、星宿、張宿、翼宿、軫《しん》宿、北の玄武と斗宿、牛宿、女宿、虚宿、危宿、室宿、壁宿というふうに、青龍、白虎、朱雀、玄武の4神が対応しています（図59）。

中国と西洋の星座のちがい

西洋の星座は、もともとメソポタミア地方で発祥しました。

ギリシャ神話を通じて48星座が定着し、長い時代を経て、星座は動物や機械に見立てられ、少しずつ増えていきました。

大航海時代、西欧諸国が南太平洋の調査に乗り出すと、今まで見えなかった星たちを目にすることになりました。しかも、南半球の島々では、見たこともないような珍しい動物や鳥を目撃することになったので、カメレオン座、ふうちょう座などといった星座がどんどんつくられたのです。

その後、当時の権力者、王様や貴族におもねて、ジョージ三世を称えた「ジョージのこと座」などの星座が乱立し、国ごとに星座が異なる状況に陥りました。20世紀初めに国際天文学連合の主導のもと、世界共通の星座を決めることになり、全天88星座に決定しましたが、残念ながら西欧由来の星座名ばかりになってしまいました。

では、図60を参照しながら西洋と東洋の星座をいくつか比べてみましょう。

中国の星座の「北」のすぐ近くに、当時の北極星（周極星）だった2等星「天帝」があります。これは、西洋星座ではこぐま座のベータ星に当たります。そのすぐ右横には「太子」があり、左には「北斗」があります。

現代の北極星（周極星）は「天帝（こぐま座のベータ星）」から天頂へ少し南にずれたところにある「勾陳」です（図60）。

ちなみに、この時代、東洋では星を「〇」で描いていました。日本でもそうでした。私たちが星のマークを「☆」と五芒星《ごぼうせい》で描くようになったのは明治以降です。なお、キトラ古墳の星宿図の星座の星と星をつなぐ線は赤で描かれています。

天頂近くで天の川を渡っている「天船」は「ペルセウス」、その南側の「五車」は現在の「ぎょしゃ（馭者）座」と対応し、星の結び方もほとんど同じです。東南の「オリオン座」は中国で「参宿」と呼ばれています。

このように、中国星座と西洋星座とでは、ある程度似たものもありますが、ほとんどが異なる星の組み合わせや見立てになっています。

では、キトラ古墳の天井に描かれていた星宿図（天文図）では、これらの中国星座や星々はどのようにして描かれたのでしょうか。

その描かれ方のルールも、西洋とはまったく異なるものでした。

正距方位図法で描かれた星座

キトラ古墳の星宿図が描かれた図法は、東アジアの古い星図で用いられていた「正距方位図法」です。先に紹介した『淳祐石刻天文図』や『天象列次分野之図』もこの図法で描かれています。

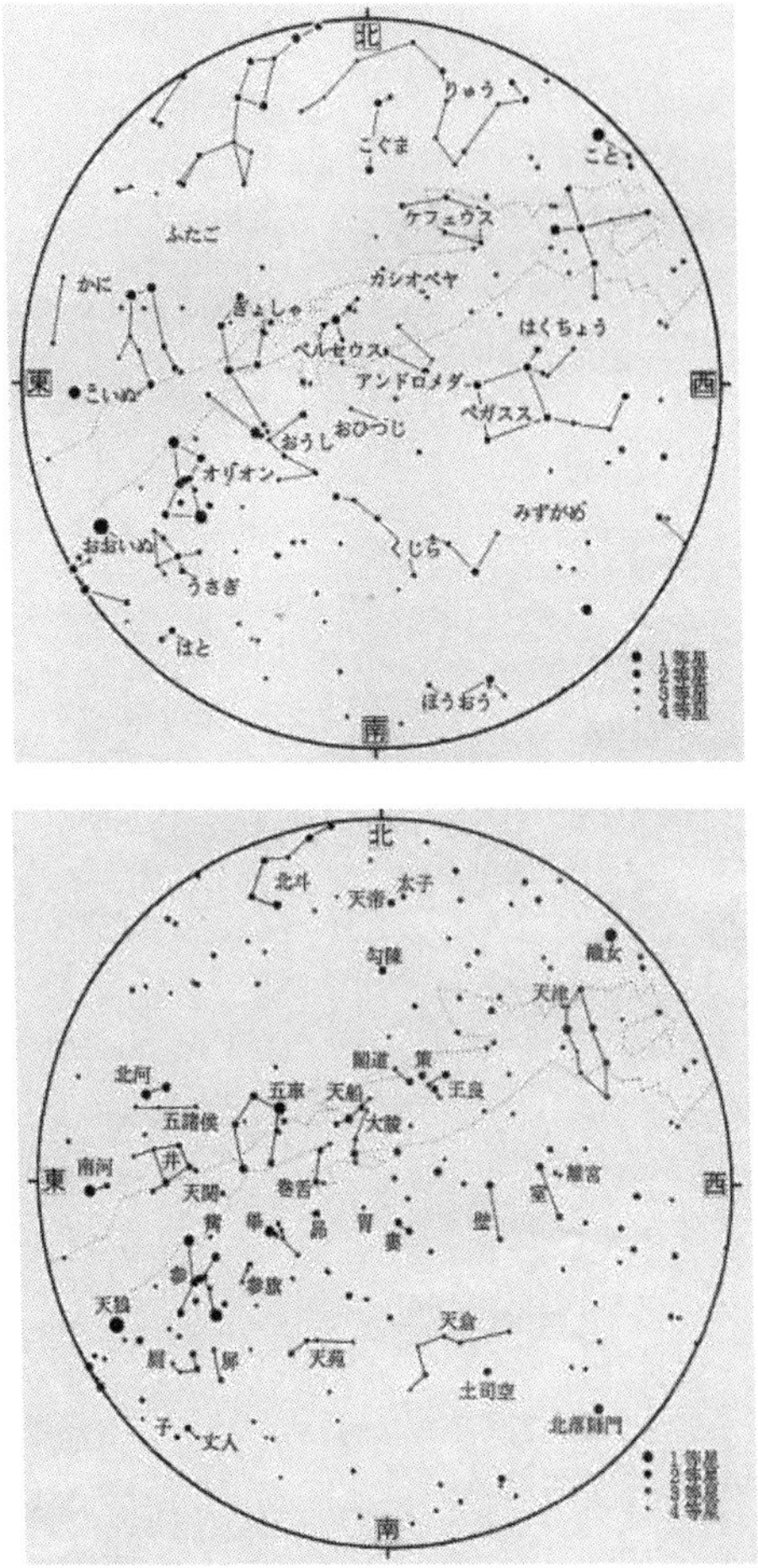

図60　12月1日22時の空　現在の星座（上）と中国の星座（下）（大阪市科学館 HP より）

正距方位図法とは、天の北極に位置する当時の北極星（周極星）である「天帝（こぐま座のベータ）」を基準として描く図法です。

星座を星宿図に描く際に、各星座から位置の基準となる星を一つ選びます。この星は「距星」と呼ばれ、北極星との距離（角度）が正確に観測されます。このときの距離（角度）は「去極度（北極星から離れている角度）」と呼ばれます。正距方位図法では、距星に関してのみ、去極度の測定値通りに正確な位置で描かれます。

しかし、実際に観測された測定値に忠実な位置に描かれるのは距星だけで、星座のほかの構成要素の星に関しては、相対的な位置関係をもとに目分量で描かれます。結果、星座の形自体が、実際に見えているものとは異なるいびつなフォルムになるものも少なくありません。

たとえば、古典中国星座で描かれた「昴《すばる》」と実際のおうし座の「プレアデス星団」を比べてみましょう（図61）。

このように、古典中国星座では、星座の形がかなり適当に描かれています。

一方、「昴七星去北極七十度」と書かれているように、昴の7つの星のうちの一番右

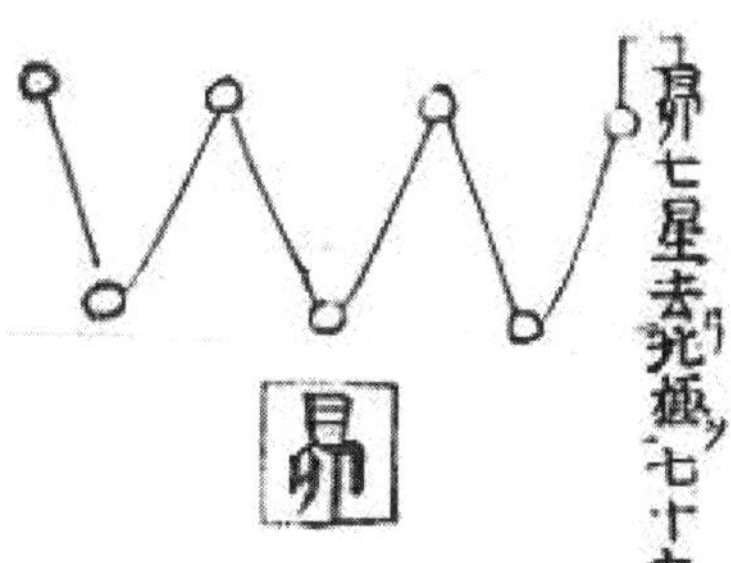

図61　中国の星座　上が実際のすばるの星座（国立天文台）
下はスバルの筆絵（大阪市立科学館 HP より）

端の距星に関しては、北極星（当時はこぐま座のベータ星）から去極度が70度であることが正確に測定され、記録されています。

よって、星宿図における距星の位置は、古天文学の研究における有用なデータとして扱うことができるわけです。

星や星座が沈まない内規

私たち天文学の研究者がキトラ古墳の星宿図を本当にすごいと思った理由は「内規」と「外規」が描かれていたことです。天体図の内規と外規を見れば、その瞬間、どんな緯度の場所で描かれたものか、わかってしまうのです。

では、内規と外規について簡単に説明しましょう。

もし北極点の近くに住んでいれば、北極星（こぐま座のアルファ星）は星空の天頂にあり、ほかの星や星座は北極星を中心として地球の自転の速さで回ります。このとき、赤道座標の赤道から北、つまり地平線（水平線）から上の星や星空は、一日中、ずっと見えており、赤道座標の赤道から南、つまり、地平線から下の星や星座は、ずっと見えないままです。

では、北緯35度付近に住んでいる私たちの星空はどうでしょうか。

北極星は地平線から35度の高さにあり、その北極星を中心として、星や星座が地球の自転の速さで回っています。北極星の位置は変わらないのですが、私たちが見ることのできる星や星座の見え方は、北極星からの距離によってちがってきます。

その「見え方」によって、全天の星や星座は三つのタイプに分けることができます。

一つめのタイプは、地平線に沈まない星や星座です。北極星を中心として35度以内にある星は、北極星の真下まで来ても地平線よりは上に位置しているので、結果、地平線に没することはありません。

このように、地平線に沈むことなく、ずっと見え続けている空の範囲を表す円（中心は北極星）を「内規」と言います。内規の円の内側にある星や星座は、地平線に沈むことはありません。

たとえば、もし東京で観察して星図に内規を描くとすると、カシオペヤ座は少なくとも内規の内側にきます。北斗七星は「下方通過」と言って、空の下のほうを通過するのですが、東京だと〝ひしゃく〟の上のほうの三つの星はぎりぎり内規に入りますが、柄の部分の星は内規から外れて、北極星の真下あたりでは地平線に沈みます。

この「北斗七星」のような代表的な星や星座が内規の内側にあるか、外側にあるかによって、観測地のおおまかな緯度がわかります。

北海道の稚内で観測すると、北斗七星は空のずいぶん高い位置に見えます。北海道の人たちには、北斗七星が一晩中見えるのです。北斗七星の下方通過を写真に撮りたければ、日本では北海道の緯度に行かないとだめなのです。

見ることのできない外規

二つめのタイプは、地平線から昇ったり沈んだりする星や星座です。一つめのタイプの星や星座がある範囲、つまり「内規」の外側にある星や星座です。

三つめのタイプは、地平線から昇ってこない星や星座です。地球が自転で一回転しても、地平線より上に出ない範囲の空にある星や星座です。赤道座標の北極星の反対側、地球の地軸（自転軸）が指す真南の方向の天の南極を中心に円形に広がる領域になります。

このとき、二つめのタイプの星や星座がある範囲と三つめのタイプの星や星座がある範囲の境界線を「外規」と呼びます。季節に関係なく、外規の外側にある星や星座を見ることはできません。

ちなみに、観測地の緯度が低くなり、赤道に近くなればなるほど、北極星の見える高さは低くなり、内規の円は小さくなり、外規の円は大きくなります。逆に緯度が高くなり、北極点に近づけば近くほど、内規の円は大きくなり、外規の円は小さくなります。

もし、北極点に住んでいれば内規と外規と天の赤道が一致します。

内規と外規の大きさは、観測する地点の緯度によって決まります。

よって、星宿図に内規か外規が描かれていれば、そこに描かれている星図がどこで観測されたものか、わかるのです。

2　キトラ古墳に描かれた星図はいつのもの？

キトラ古墳の古天文学の二つの研究

ここまで解説してきた「距星の位置」や「内規と外規」などの情報をもとにして行われたキトラ古墳の星宿図の研究では、注目すべきものが二つあります。

一つは、１９９８年から２００１年にかけて、宮島一彦先生が、ファイバースコープで撮影されたアナログ写真を解析した研究です。

もう一つは、２０１４年から始まったデジタル技術を用いて、国立天文台の相馬充先生と同ＯＢの中村士先生が中心になって解析した研究です。

この二つの研究では、興味深いことにちがった結果が出ています。研究というものは対象が同じであっても、研究する人間や手法が変われば、導き出される結果も変わってしまうのです。

まずは、宮島先生の研究によって、キトラ古墳の星宿図からどのようことがわかったのか、具体的にみてみましょう。

描き込まれた赤道、黄道、内規、外規

キトラ古墳の星宿図のように赤道、黄道、内規、外規の四つの円が描かれていると、天文学、古天文学にとって非常に重要な情報をもたらします。

キトラ古墳の星宿図の場合、内規の円の直径が16・8㎝、天の赤道は40・3㎝、外規は60・6㎝・黄道は40・5㎝で、それぞれ朱線の円として描かれています。内規、赤道、外規の三つは同心円で、黄道の中心は天井に向かって北西方向にずれています。

黄道は本来、正距方位図法で描くと真円にはなりません。しかし、キトラ古墳の星宿図の黄道は、コンパスで描いたようなきれいな円になっています。また、星に対する黄道の位置関係もまったく違っていました。原図は天井に向けて、上を向いた状態で引き写さなければ正確に写せません。黄道と星の位置関係がおかしいのは、当時、おそらく床に置いた状態の原図を見ながら天井に引き写されたためではないかと宮島先生は解釈しました。それら二つの理由から、黄道はキトラ古墳の星宿図の原図の観測年代を特定する情報として使えないと宮島先生は判断しました。

また、正距方位図法では、内規、赤道、外規の半径の差は等しくなるはずです。しかし、キトラ古墳の星宿図では、内規と赤道に比べて、外規がやや小さすぎました。宮島先生は、この大きさでも一部が東西の傾斜部にかかってしまうため、引き写す際に、実際よりもやや小さめに描かざるを得なかったのではないかと推測して、外規も作成地域を特定するデータの候補から外しました。

結局、宮島先生は、より信頼度の高い内規からキトラ古墳の星宿図の作成地域を推定することにしました。

赤道と内規の半径の比で緯度がわかる

赤道や星座に対する内規・外規の大きさは、観測地域の緯度によって変わります。先にも説明したように、観測場所が北極点の場合、赤道、内規、外規の三つの円は一致します。観測場所が北極から離れて、赤道に向かって緯度が低くなるにつれて、内規は次第に小さくなり、外規はだんだん大きくなります。つまり、その半径の比率が観測地の緯度と相関関係にあるわけです。よって、内規と赤道の半径の比を調べれば、原図が測定・作成された地域の緯度を推定できます。

宮島先生によると、実際、この方法で、正距方位図法で描かれた『淳祐石刻天文図』の観測地を推定すると「緯度34・7度」で、この天文図が作成されたと考えられている北宋の都・開封の緯度と一致します。また、『天象列次分野之図』は「緯度37・3度」で、同じく李氏朝鮮の首都・漢城（ソウル）とほぼ一致します。

そこで、キトラ古墳の内規の円と赤道の円の半径の比を調べた結果、宮島先生は、その原図が観測された場所の緯度をおよそ「38・4度」と算出しました。

日本の飛鳥（34・5度）や中国の長安（34・2度）、洛陽（34・6度）、北魏が501年に洛陽に遷都する前に都としていた平城（40・1度）のいずれにも該当しなかったので、宮島先生は、キトラ古墳の星宿図の原図が作成された地について「427年以降、高句麗の都となった平壌の緯度39・0度に近い」と結論づけたのです。

星宿図の原図の観測年代は？

地球は、まるでコマのように、約2万6000年周期で首振り運動をしています。この運動によって生じる歳差で、北極星（周極星）を含む星全体の赤道座標が年々変化していくことには、これまで何度か触れてきました（第一章図18、19参照）。

今から2000年後には、ケフェウス座のガンマ星が北極星になり、8000年から1万年後、はくちょう座のデネブが、1万2000年後から1万4000年後には織姫星が天の北極に近づきます。実際、現代の北極星はこぐま座のアルファ星ですが、キトラ古墳の天帝（北極星）はこぐま座のベータ星であることも解説しました。

そこで、宮島先生は、歳差により変化するさまざまな星の理論位置のなかで、星宿図に描かれた星の位置と重ねたとき、全体としてずれが最も小さくなる（統計的な平均誤差が少なくなる）ものを計算した結果、キトラ古墳の星宿図の原図の観測年を「紀元前65年」と推定しました。

ただ、観測されたのが紀元前65年だとすれば、星宿図の原図が高句麗でつくられたとは考えられなくなります。

そこで、このほかの分析結果も含めて、宮島先生は、中国でつくられた原図か観測データが、のちに高句麗に伝わり、それをもとにして高句麗で内規・外規の大きさを自国の緯度に合わせて天文図を描いて、その人物が日本に渡来したときに持ち込んで、その人たちの中の偉い方が亡くなってキトラ古墳に埋葬されるとき、その図をもとに天井に星宿図を描いたのではないかと推測したのです。

文化庁の奈良文化財研究所の研究員の方にお会いする機会があり、いろいろ聞いてみたところ、確かに、あの地域は渡来人が多い地区だったという証言が得られました。

28宿の五つの星から観測年代を推測

2014年、大々的にキトラ古墳の保存作業を行うにあたり、デジタル技術で星の位置を調べることになりました。星宿図の原図の観測がいつ、どこで行われたのか、奈良文化財研究所が解明するプロジェクトを開始したとき、天文学者として相馬先生、中村先生も参加して、2015年には早々に研究結果が出ました。

この再調査において、相馬、中村両先生のアプローチは、かつての宮島先生のアプローチとまったくちがっていました。内規と外規はひとまず置いて、星宿図に描かれた星の位置から年代を推定したのです。

観測値に基づいて星図に記入されるのは距星で、ほかの星は目分量で星図に描かれました。そこで、キトラ古墳の星宿図の距星の位置と理論値から導き出した同じ星の位置を比較して、その差が最小になる年代の特定を試みたのです。

具体的には、まず、キトラ古墳の星宿図の星の中で去極度がわかっている28宿の距星を選び出します。

次に、この距星に対応する星をプロットし、歳差運動の理論値で、紀元前1000年から順に位置関係の図をつくり、キトラ古墳の星宿図の距星と重ね合わせます。

この方法で、去極度がよくわかっている九つの星のうち、明るい五つの星の誤差が統計的に最も小さくなる年代を調べました。その結果、相馬先生は、キトラ古墳の星宿図の原図の観測年代を「西暦384年±(プラスマイナス)139年」と推定したのです。

キトラ古墳自体が築造されたのは7世紀から8世紀初めですから、この星図の原図が測定・作成されてから200年から300年ほど経ってから、日本に持ち込まれたということになります。

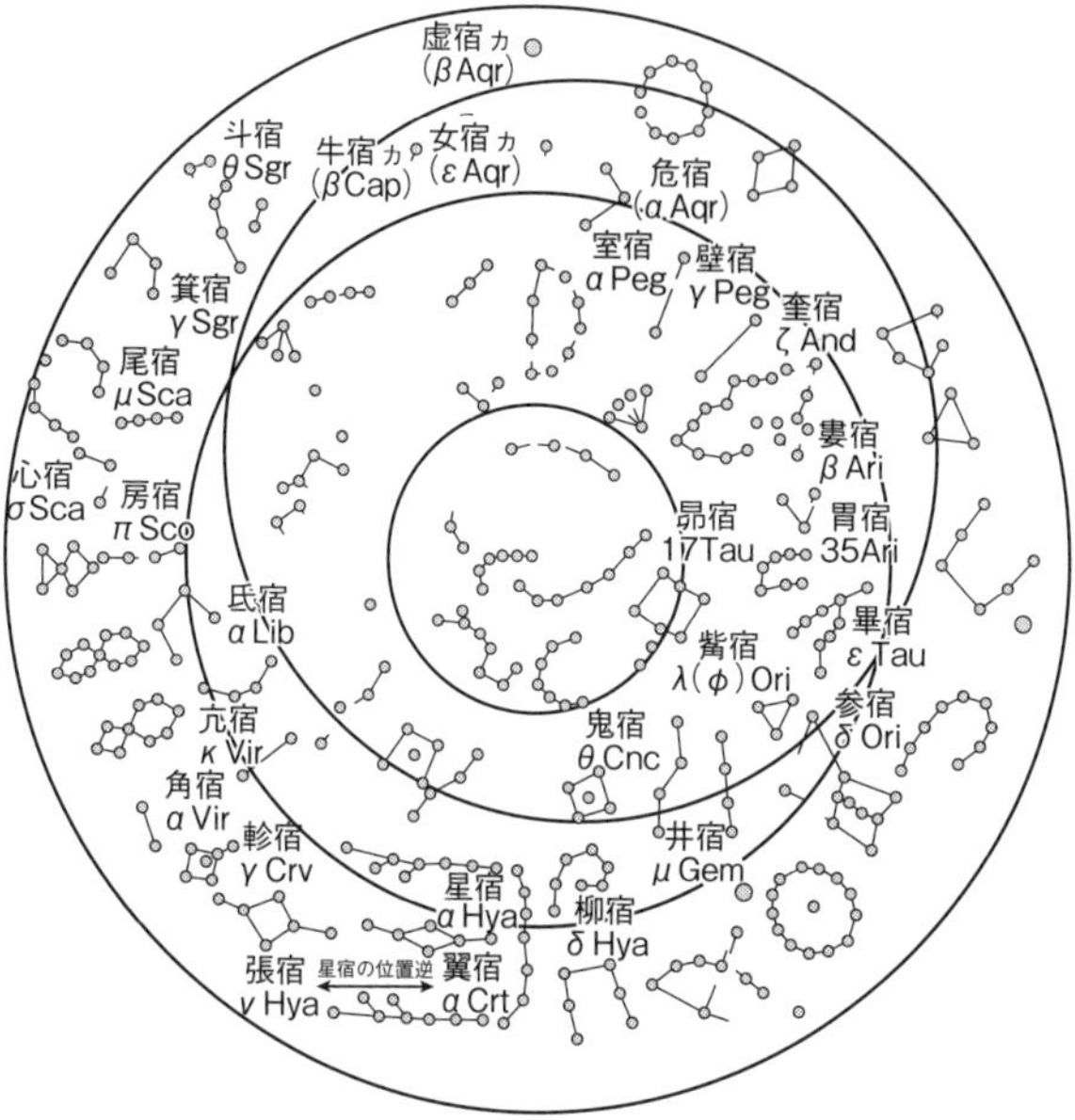

図62　キトラ古墳天文図距星位置図（奈良文化財研究所提供、相馬充加筆）

六つの星から内規の緯度を推定して作成地域も特定

星宿図の原図の制作年代がわかれば、歳差を計算することで、当時の正確な天文図も判明します。

そのうち、内規に接する星座「文昌」の二つの星と星座「八穀」の四つの星を合わせた合計六つの星で内規からの距離を計測することにより、当時の内規の正確な位置（去極度）が予測されました。

この内規の去極度から観測地の緯度を求めると、原図の制作地は「北緯33・7度±（プラスマイナス）0・7度」と推定されました。

これは、宮島先生が内軌と赤道の半径比から求めた値とは4度から5度もちがって、もっと南に下がることになります。結果、宮島先生が推定した李氏朝鮮ではなく、兵馬俑がある長安（現在の西安、北緯34・2度）や洛陽（北緯34・6度）、日本の明日香（北緯34・5度）に近い緯度という結果になりました。

ただし、相馬先生は、恐らく飛鳥でつくられた図ではないだろうと結論しています。当時、日本では星の観測があまり行われていなかったので、おそらく中国で観測・作成された天文図が朝鮮を経て日本に持ち込まれたものだろうと考えたのです。

相馬先生は、この解析方法をさらに発展させました。

まず、観測年代の推定において、前回は28宿の九つの距星のうちで去極度がわかっている明るい五つの星の誤差が統計的に最も小さくなる年代を調べましたが、そこに、作成地域の推定で使った文昌と八穀の六つの星も加えて、赤緯が正しく描かれているとみなせる計11の星を使い、キトラ古墳の星宿図と統計的に最も誤差が小さくなる年代を調べたのです。

結果、原図の観測年代は「西暦３００年±90年」となりました。

原図を観測・作成した地域の特定もこの11の星を使って再解析した結果、作成地は「０・２度」だけ変わって「北緯33・９度±０・７度」と推定されました。

あとがき

本書ではイギリス、エジプト、マヤ、ポリネシア、そして東洋と、異なる文化圏での代表的な遺跡を中心に、古天文学という視点から、天文学的な考察を加えた研究結果の一端をご紹介してきました。実際のところ、ここでは紹介しきれないほど、それぞれに多くの研究があり、本書に紹介したのは、そうした研究結果の最大公約数的な部分にとどまっています。

ただ、最後のキトラ古墳の研究の現状からもわかるように、この分野はまだまだ発展途上とも言えます。そのような状況においてこそ、新しい知見が次々ともたらされる面白さも知っていただけたのではないかと思っています。学問の醍醐味《だいごみ》は、完全にわかってしまったことではなく、いろいろな研究の進展によって、それまでの知見が変えられてしまったり、あるいは教科書が書き換わってしまうようなところにあります。

日本の場合は、もともと基礎科学に携わる研究者が少ないことが要因なのですが、古天文学のような、天文学と考古学との境界領域の研究を行おうとする研究者が少ないこともあって、ひとつの分野としては確立していません。ただ、そんな中にあっても多くの在野の研究者が地道に研究を進めていることは確かです。そういった研究の中から、何か新しい発見がもたらされるかもしれません。こうした、まだ発展途上の「古天文学」の一端を知っていただき、その考察を通じて、いにしえの人たちがどのような思いで空を見上げ、太陽に、月に、星に何を見出だそうとしていたのか。本書で、少しでも思いを馳《は》せてもらえれば幸いです。

最後になりますが、本書をまとめるきっかけを与えてくれた早稲田大学エクステンションセンターの皆様、筑摩書房の鶴見智佳子氏、貴重な示唆をいただいた近藤二郎先生、キトラ古墳の部分について丁寧に見ていただいた相馬充先生に感謝します。

参考文献

『巨石――イギリス・アイルランドの古代を歩く』山田英春（早川書房、二〇〇六年）
『古天文学の散歩道――天文史料検証余話』斉藤国治（恒星社厚生閣、一九九二年）
『古代エジプト解剖図鑑』近藤二郎（エクスナレッジ、二〇二〇年）
『星座の起源――古代エジプト・メソポタミアにたどる星座の歴史』近藤二郎（誠文堂新光社、二〇二一年）
『ようこそマヤ文明へ』多々良穣（文芸社、二〇〇八年）
『図説古代マヤ文明』寺崎秀一郎（河出書房新社、一九九九年）
『マヤン・カレンダー２０１２』高橋徹（ヴォイス、二〇〇六年）
『マヤ文明を掘る――コパン王国の物語』中村誠一（ＮＨＫブックス、二〇〇七年）
『マヤの暦について』小池佑二（東海大学文明研究所紀要、一九九六年）
『NĀ INOA HŌKŪ』R.K. Johnson & J.K. Mahelona, Topgallant Pub. Co., 1975

『キャプテン・クックと南の星』村山定男（河出書房新社、二〇〇三年）
『星の航海師――ナイノア・トンプソンの肖像』星川淳（幻冬舎、一九九七年）
『キトラ古墳学術調査報告書』奈良県明日香村教育委員会、一九九九年三月
『キトラ　古墳と天の科学』奈良文化財研究所飛鳥資料館図録第63冊　二〇一五年
『キトラ古墳天文図星座写真資料』奈良文化財研究所研究報告第16冊　二〇一六年
『キトラ古墳天文図の観測年代と観測地の推定』相馬充（国立天文台報第18巻、二〇一六）

国立天文台ＨＰ：https://www.nao.ac.jp/
株式会社アストロアーツＨＰ：http://www.astroarts.co.jp/

構成・文　佐保圭
図版製作　朝日メディアインターナショナル株式会社

ちくまプリマー新書

195
宇宙はこう考えられている
――ビッグバンからヒッグス粒子まで
青野由利
ヒッグス粒子の発見が何をもたらすかを皮切りに、宇宙論、天文学、素粒子物理学が私たちの知らない宇宙の真理にどのようにせまってきているかを分り易く解説する。

250
ニュートリノって何？
――続・宇宙はこう考えられている
青野由利
話題沸騰中のニュートリノ、何がそんなに大事件？　素粒子物理学の基礎に立ち返り、ニュートリノの解明が宇宙の謎にどう迫るのかを楽しくわかりやすく解説する。

375
16歳からの相対性理論
――アインシュタインに挑む夏休み
佐宮圭
松浦壮監修
なぜ光の速さは変わらないの？　どうして重力は物を落とすの？　時間は絶対的なもの？　物理学者の父親にヒントをもらって思考実験を繰り返す高校生の物語。

179
宇宙就職案内
林公代
生活圏は上空三六〇〇〇キロまで広がった。宇宙が職場なのは宇宙飛行士や天文学者ばかりじゃない！　可能性無限大の、仕事場・ビジネスの場としての宇宙を紹介。

223
「研究室」に行ってみた。
川端裕人
研究者は、文理の壁を超えて自由だ。自らの関心を研究として結実させるため、枠からはみだし、越境する姿は力強い。最前線で道を切り拓く人たちの熱きレポート。

347
科学の最前線を切りひらく！
川端裕人
複雑化する世界において、科学は何を解明できるのか？古生物、恐竜、雲、サメ、マイクロプラスチック、脳など各分野をリードする六名の科学者が鋭く切り込む。

205
「流域地図」の作り方
——川から地球を考える
岸由二
近所の川の源流から河口まで、水の流れを追って「流域地図」を作ってみよう。「流域地図」で大地の連なり、水の流れ、都市と自然の共存までが見えてくる！

378
生きのびるための流域思考
岸由二
かつてない量の雨が日本列島を襲っている。頭上の雨だけを見ていても水土砂災害は分からない。雨は流域で集められることを知って安全なところへ！

254
「奇跡の自然」の守りかた
——三浦半島・小網代の谷から
岸由二
柳瀬博一
笹を刈ったり、水の流れを作ったり、人が手をかけなければ自然は守れない。流域を丸ごと保全した「小網代の谷」の活動を紹介し、自然保護のあり方を考える。

335
なぜ科学を学ぶのか
池内了
科学は万能ではなく、限界があると知っておくことが重要だ。科学・技術の考え方・進め方には一般的な法則がある。それを体得するためのヒントが詰まった一冊。

ちくまプリマー新書

011 世にも美しい数学入門　藤原正彦　小川洋子

数学者は、「数学は、ただ圧倒的に美しいものです」とはっきり言い切る。作家は、想像力に裏打ちされた鋭い質問によって、美しさの核心に迫っていく。

115 キュートな数学名作問題集　小島寛之

数学嫌い脱出の第一歩は良問との出会いから。「注目すべきツボ」に届く力を身につければ、ものごとの本質を見抜く力に応用できる。めくるめく数学の世界へ、いざ！

012 人類と建築の歴史　藤森照信

母なる大地と父なる太陽への祈りが建築を誕生させた。人類が建築を生み出し、現代建築にまで変化させていく過程を、ダイナミックに追跡する画期的な建築史。

166 フジモリ式建築入門　藤森照信

建築物はどこにでもある身近なものだが、改めて「建築とは何か？」と考えてみるとこれがムズカシイ。ヨーロッパと日本の建築史をひもときながらその本質に迫る本。

101 地学のツボ
――地球と宇宙の不思議をさぐる　鎌田浩毅

地震、火山など災害から身を守るには？　地球や宇宙の起源に迫る「私たちとは何か」。実用的、本質的な問いを一挙に学ぶ。理解のツボが一目でわかる図版資料満載。

ちくまプリマー新書

289
ニッポンの肉食
――マタギから食肉処理施設まで
田中康弘
実は豊かな日本の肉食文化。その歴史から、畜産肉の生産と流通の仕組み、国内で獲れる獣肉の特徴、食肉処理場や狩猟現場のルポまで写真多数でわかりやすく紹介。

319
生きものとは何か
――世界と自分を知るための生物学
本川達雄
生物の最大の特徴はなんだろうか？　地球上のあらゆる生物は様々な困難（環境変化や地球変動）に負けず子孫を残そうとしている。生き続けることこそが生物!?

322
イラストで読むＡＩ入門
森川幸人
ＡＩってそもそも何？　ＡＩはどのように私たちの生活に入ってくるの？　その歴史から進歩の過程まで、数式を使わずに丁寧に解説。

328
糸を出すすごい虫たち
大﨑茂芳
ミノムシはなぜ落ちないのか？　クモの糸に人がぶら下がれるってホント？　小さな虫たちの出す糸には大きな力が秘められている。身近にいるすごい虫たち。

183
生きづらさはどこから来るか
――進化心理学で考える
石川幹人
現代の私たちの中に残る、狩猟採集時代の心。環境に適応しようとして齟齬をきたす時「生きづらさ」となって表れる。進化心理学で解く「生きづらさ」の秘密。

ちくまプリマー新書

152 どこからが心の病ですか？
岩波明
心の病と健常な状態との境目というのはあるのだろうか。明確にここから、と区切るのは難しいが、症状にはパターンがある。思春期の精神疾患の初期症状を解説する。

247 笑う免疫学
――自分と他者を区別するふしぎなしくみ
藤田紘一郎
免疫とは異物を排除するためではなく、他の生物との共生のための手段ではないか？　その複雑さから諸刃の剣とも言われる免疫のしくみを、一から楽しく学ぼう！

297 世界一美しい人体の教科書
〈カラー新書〉
坂井建雄
いまだ解き明かされぬ神秘に満ちた人体。最新の研究成果をもとに、主要な臓器の構造と働きをわかりやすく解説。100枚の美しい超ミクロカラー写真でその謎に迫る！

343 どこからが病気なの？
市原真
病気と平気の線引きはどこにあるのか？　病気のアラームとは何か？　かぜと肺炎はどう違う？　人体と病気の仕組みについて病理医ヤンデル先生がやさしく解説。

342 ぼくらの中の「トラウマ」
――いたみを癒すということ
青木省三
どんな人にもトラウマはある。まずはそのいたみを自覚し、こじらせてしまわないことが肝要だ。トラウマのメカニズムや和らげる術を豊富な事例から紹介する。

ちくまプリマー新書

162 世界の教科書でよむ〈宗教〉　藤原聖子

宗教というとニュースはテロや事件のことばかり。子どもたちは学校で他人の宗教とどう付き合うよう教えられているのか、欧米・アジア9か国の教科書をみてみよう。

184 イスラームから世界を見る　内藤正典

誤解や偏見とともに語られがちなイスラーム。その本当の姿をイスラーム世界の内側から解き明かす。イスラームの「いま」を知り、「これから」を考えるための一冊。

313 謎解き　聖書物語　長谷川修一

旧約聖書につづられた物語は史実なのか、それともフィクションなのか？　最新の考古学的研究をもとに謎に迫り、流れを一望。知識ゼロからわかる聖書入門の決定版。

331 はじめてのギリシア神話　松村一男

世界の始まりを描いたギリシア神話はどんなふうに成立したか。二千年を経てもなお人々を魅了するストーリーやキャラクターを紹介し、その歴史的背景を探る。

067 いのちはなぜ大切なのか　小澤竹俊

いのちはなぜ大切なの？――この問いにどう答える？子どもたちが自分や他人を傷つけないために、どんなケアが必要か？　ホスピス医による真の「いのちの授業」。

ちくまプリマー新書

350 レオナルド・ダ・ヴィンチ【よみがえる天才2】 池上英洋

家族にも教育の機会にも恵まれず、コンプレックスだらけだった五〇〇年前の一人の青年が、なぜ名画を遺し、近代文明の夢を描く「天才」と呼ばれるに至ったか。

358 モーツァルト【よみがえる天才3】 岡田暁生

完璧なる優美、子どもの無垢、美の残酷と壊れたような狂気、楽しさと同居する寂しさ——モーツァルトとはいったい何者だったのか？　天才の真実を解き明かす。

362 アレクサンドロス大王【よみがえる天才4】 澤田典子

前人未到の大征服を成し遂げ、三二歳の若さで世を去ったアレクサンドロス。時には「英雄」として、時には「暴君」として描かれる「偉大なる王」の実像に迫る。

364 コペルニクス【よみがえる天才5】 高橋憲一

長く天文学の伝統であった天動説を否定し、地動説を唱えたコペルニクスによって、近代科学は大きな一歩を踏み出した。どのように太陽中心説を思いついたのか。

370 ガウディ【よみがえる天才6】 鳥居徳敏

歴史や自然に学び、幾何学を駆使してたどり着いた独特の建築様式は今なお新鮮だ。サグラダ・ファミリア聖堂やグエル公園はどのようにして生まれたのか。

ちくまプリマー新書

ちくまプリマー新書

229
揺らぐ世界
――〈中学生からの大学講義〉4
立花隆／岡真理
橋爪大三郎／森達也
紛争、格差、環境問題……。世界はいまも多くの問題を抱えて揺らぐ。これらを理解するための視点は、どうすれば身につくのか。多彩な先生たちが示すヒント。

230
生き抜く力を身につける
――〈中学生からの大学講義〉5
大澤真幸／北田暁大
多木浩二／宮沢章夫
いくらでも選択肢のあるこの社会で、私たちは息苦しさを感じている。既存の枠組みを超えてきた先人達から、見取り図のない時代を生きるサバイバル技術を学ぼう！

305
学ぶということ
――続・中学生からの大学講義1
桐光学園＋
ちくまプリマー新書編集部編
受験突破だけが目標じゃない。学び、考え続ければ重い扉が開くこともある。変化の激しい時代を生きる若い人たちへ、先達が伝える、これからの学びかた・考えかた。

306
歴史の読みかた
――続・中学生からの大学講義2
桐光学園＋
ちくまプリマー新書編集部編
人類の長い歩みには、「これから」を学ぶヒントがいっぱいつまっている。その読み解きかたを先達に学び、君たち自身の手で未来をつくっていこう！

307
創造するということ
――続・中学生からの大学講義3
桐光学園＋
ちくまプリマー新書編集部編
技術やネットワークが進化した今、一人でも様々なことができるようになってきた。新しい価値観を創る力を身につけて、自由な発想で一歩を踏み出そう。

ちくまプリマー新書382
古代文明《こだいぶんめい》と星空《ほしぞら》の謎《なぞ》

二〇二一年八月十日　初版第一刷発行

著者　渡部潤一（わたなべ・じゅんいち）
装幀　クラフト・エヴィング商會
発行者　喜入冬子
発行所　株式会社筑摩書房
東京都台東区蔵前二-五-三　〒一一一-八七五五
電話番号　〇三-五六八七-二六〇一（代表）
印刷・製本　中央精版印刷株式会社

ISBN978-4-480-68407-3 C0244 Printed in Japan